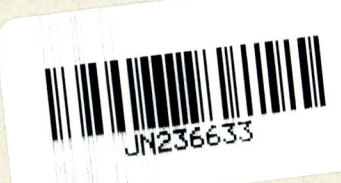

Outdoor®

自転車トラブル解決ブック

丹羽隆志・著

Bicycle Maintenance & Trouble Shooting

自転車のあらゆるトラブルを
これ1冊で解決!

山と溪谷社

プロローグ

自転車で走っていて突然、ハンドルのグリップが抜けたら、あるいはペダルが外れたら……。間違いなく転倒するでしょう。公道を走っているときなどには命取りになりかねません。そこまで行かなくとも、自転車にはトラブルがつきものです。ギアがすぐ外れる、ブレーキから擦る音がする、外したホイールがはめられない……。そういった声を良く耳にします。

本書は、私が主宰する自転車ツアー“やまみちアドベンチャー”の参加者にアンケート調査をして、これまでに経験した自転車のトラブルや、よくある疑問を元に構成しました。自転車には本当に多くのメカトラブルがあり、またその対処法もいろいろあります。でもその方法がいまひとつ良くわからない、という声に応えて、自転車トラブルの解決方法を、誰にでもわかるよう、細かい手順ごとに写真解説しました。

自転車はパーツの集合体。そして一般に考えられているよりも、はるかに繊細な「機械」です。乗りっぱなしにしておくと、そのパーツの状態や、パーツとパーツの設定具合が変わってきて、不具合やトラブルを起すこともあります。たったひとつのパーツがないことで、走れなくなってしまうことも多いのです。

トラブルを未然に防ぐ方法もあります。自転車を真横から、チェーンと同じ目線まで下がって、じっくりと眺めてみることです。買ったときのチェーンの色を思い出し、まずは自転車をピカピカにしてみましょう。細かく見ていくと、他にもいろいろなところが傷んでいるのが気になってくるでしょう。ワイヤーのほつれ、ブレーキシューやタイヤの表面に刺さった金属片……。これらはすべて、トラブルやパーツの寿命を縮める原因です。多くのトラブルは、事前のメンテナンスによって回避することができるのです。

まずは、じっくりと自転車を見つめてみましょう。フレームやパーツに凝縮されたアイデアを発見すれば、メンテナンスも楽しくなります。そして快適な自転車で、気持ちいい風を求めて走り出しましょう！

本書の構成

①自転車のトラブルは、パンクやブレーキ系統のアクシデントなど自転車自体の調整・整備不良から発生する場合もあれば、自転車に乗ることでカラダの部位に痛みや違和感を感じる場合もあり、その原因と対処法はいろいろです。本書では、目次とともに、これらのトラブルとその原因・解決策を分かりやすく探すことができるように、ＩＮＤＥＸ(8ページ～15ページ)を巻頭に設けています。今、どんなトラブルに直面しているのか、このＩＮＤＥＸから該当する項目を検索して、すぐに解説ページへとジャンプできるようにしました。

②第１章は、トラブル対策の基本的な知識を知っておくための章です。自転車の各パーツの名称や、トラブル解決の必要工具などを分かりやすく解説しました。

③第２章から第６章までは、自転車のパーツごとに予想されるトラブルや気持ちよく自転車に乗るためのカラダとのフィッティングについて、その対策や方法を解説しています。できるだけ本書を読みながら再調整・セッティングするのが一番いいのですが、複雑な構造をしている箇所もあります。どうしても手に負えそうもない場合には、近くのショップか、自転車を購入したショップに持ち込んで、チェックしてもらいましょう。中途半端なメンテナンスはさらなるトラブルのもとになります。

④第７章は、自転車全般についての、トラブルが起きないための対策や知識を解説しました。

⑤写真には必要に応じてポイントになる部分や動きの方向を示すために矢印を、また、注目しておきたい部分にはマークを入れました。また、行なってはいけない作業などの写真には×印を入れています。

⑥各章の扉には、その章で解説されている項目が記されています。各ページの端にあるツメと対応して検索しやすくしています。また、ミニ用語解説を該当ページの下段につけました。

目次 CONTENTS

目次 CONTENTS

第7章　自転車の疑問　139

カラダの痛み別INDEX—1

手首・腕

カラダの痛みは我慢する、慣れるまで待つ、そういうものだと思っている人が多い。でも、ちょっとしたポジションの変化で、驚くほど痛みが消えることもあるので、チェックしてみよう。

腕が疲れやすい

ギアチェンジで親指が疲れやすい

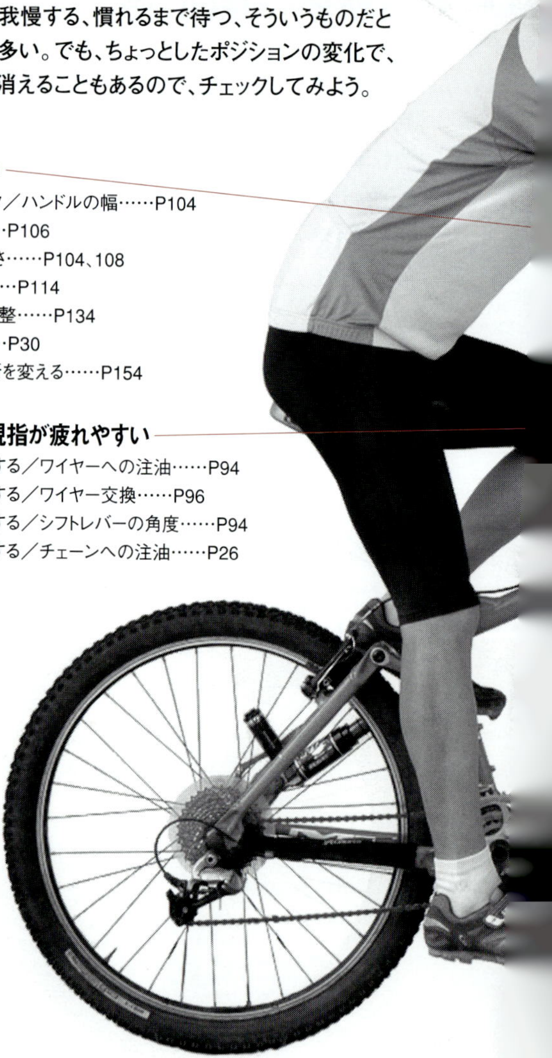

手首が疲れやすい

ブレーキレバーの遊び……P60、62
ブレーキレバーの左右位置……P60
ブレーキレバーの角度……P60
ブレーキレバーのストローク調整……P60
ハンドルの幅……P104
ハンドルの形状……P106
ハンドルの高さ・遠さ……P104、108
ハンドルの角度（ドロップハンドルの場合）……P115
ブレーキレバーのブラケット位置（ドロップハンドルの場合）……P115
グリップの太さ……P112
ブレーキの効きをアップさせる／ワイヤーへの注油……P64
ブレーキの効きをアップさせる／ワイヤー交換……P66
ブレーキの効きをアップさせる／ブレーキ本体のグリスアップ……P64
ブレーキの効きをアップさせる／リムのクリーンナップ……P72

手のひらが痛い

グローブを着ける……P144
グリップの太さ……P112

カラダの痛み別INDEX—2

首・背中・腰・脚・足の裏

自転車はサドル、ハンドル、ペダルにカラダを固定させて体を動かすスポーツ。互いの位置関係によって、効率的にパワーを自転車に伝え、体の痛みを解消することができるのだ。

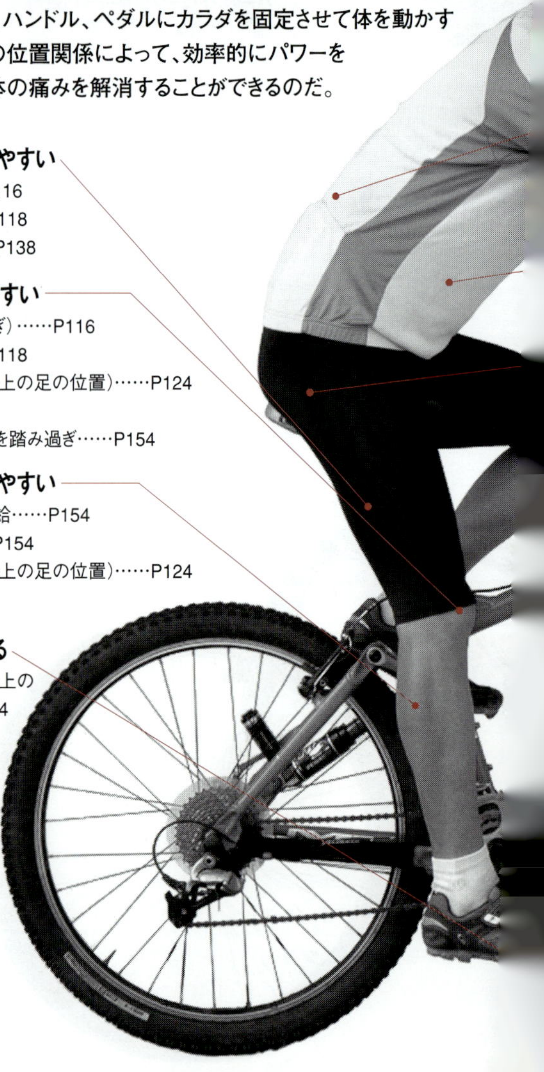

太ももが痛くなりやすい

サドルの高さ……P116
サドルの前後……P118
クランクの長さ……P138

ひざが痛くなりやすい

サドルの高さ（高過ぎ）……P116
サドルの前後……P118
クリート調整（ペダル上の足の位置）……P124
ギア選び……P154
寒いときに重いギヤを踏み過ぎ……P154

ふくらはぎがつりやすい

水分・エネルギー補給……P154
ウォームアップ……P154
クリート調整（ペダル上の足の位置）……P124
ギア選び……P154

足の裏が痛くなる

クリート調整（ペダル上の足の位置）……P124
シューズのソールが柔らかい⇒ソールの硬いシューズを選ぶ

首が疲れやすい

前傾具合のチェック／ハンドルの形状……P104、106
前傾具合のチェック／ハンドルの高さ・遠さ……P104
※ヘルメットを軽いものにする

背中・腰が疲れやすい

前傾具合のチェック／ハンドルの形状……P104、106
前傾具合のチェック／ハンドルの高さ・遠さ……P104
サドルの高さ……P116
サドルの前後……P118
フレーム（トップチューブ）の長さ……P142

腹部の圧迫感

前傾具合のチェック／ハンドルの形状……P104、106
前傾具合のチェック／ハンドルの高さ・遠さ……P104

オシリが痛い

サドルの高さ（サドルに加重し過ぎ）……P116
サドルの前後……P118
サドルの角度……P118
サドルの形状……P118
サドルの柔かさ……P118
パッド付パンツを使う……P120
パッドにワセリンを塗る……P120

自転車の異音をチェック

走っていると、なんとなく足元から変な金属音がして、
すごく気になるということがよくある。
特にBB(ボトムブラケット)周辺はペダル、クランク、チェーンリングなど、
いろいろなパーツが集まっているところ。
ひとつずつチェックして異音の原因を探してみよう。

ハンドル回り

前ブレーキをかけたときに、ハンドルのつけ根辺りがガタガタする

ヘッドパーツの緩み……P132

ブレーキ／ホイール

ブレーキシューがリムに擦っている

ブレーキの片効き……P70
リムの触れ……P56
ホイールの固定……P34
ブレーキのテンション調整……P63

ブレーキをかけたときに擦る音がする

金属片がブレーキシューに刺さっている……P72
ブレーキシューの磨耗・交換……P73、74

ブレーキをかけたときに「キーッ」と音がする

ブレーキシューの調整……P70

チェーン／ディレイラー

チェーンが歯飛びする

チェーンのリンクの固着……P99
チェーンの交換……P100
スプロケットの交換……P130

変速してもカチャカチャいっている

フロントディレイラーのインデックス調整……P88
リアディレイラーのインデックス調整……P91
注油……P94
チェーンのねじれ……P85
チェーンリングのねじれ（交換）……P128

BB（ボトムブラケット）周辺

ペダルを踏み込むと、ギシギシと音がする

ペダルの取付けの緩み……P122
ペダルシャフトのガタ……P133
クランクの取付けの緩み……P125
チェーンリングの緩み……P128
BB取付けの緩み……P129

サドル周辺

サドルの取り付け部分から音がする

シートポストの増し締め……P116
シートポストにグリスを塗る……P119

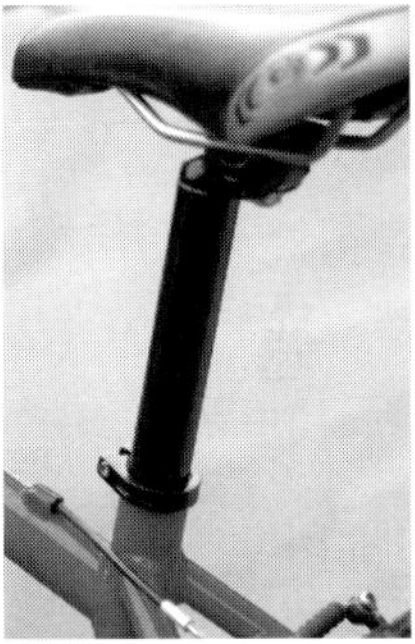

10cm落として、ボルトの緩みをチェックする
10cmほど地面から持ち上げて地面に落としてみる。緩んでいるボルトがあれば、鈍い振動音がすることもある

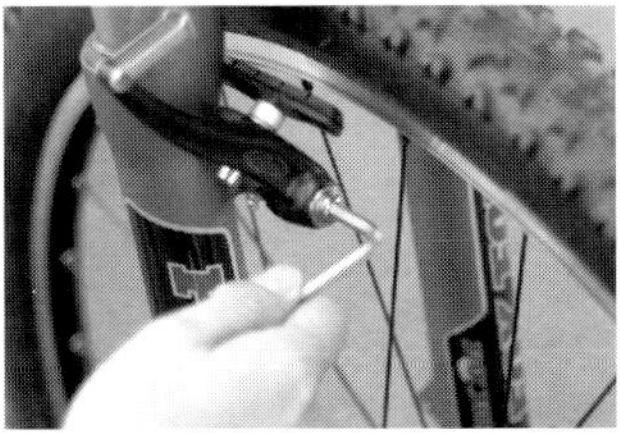

ボルトというボルトは、たまには増し締めしよう
どんなボルトでも必ず緩む、と考えてよい。緩んだまま走るのは危険だ。すべてのボルトをチェックしよう

走行前のチェックポイントは?

自転車はパーツの集合体だけに、各パーツの状態と、その組付け状態、それらが互いにうまく作動しているかをチェックする必要がある。すべての項目を毎回チェックする必要はないが、定期的に行なっておこう。

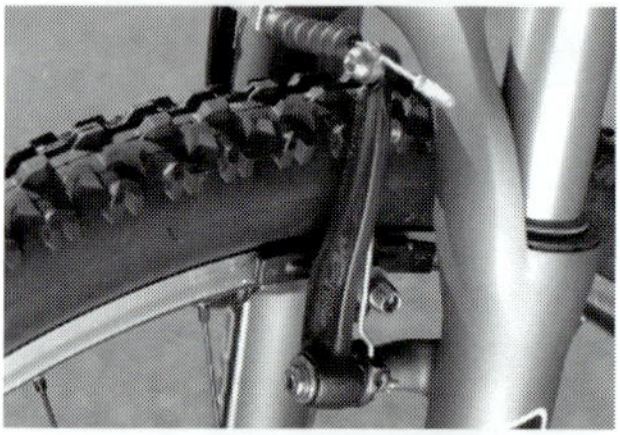

ホイール

《クイックレバー》

しっかりと固定されているか……P34

《タイヤ・チューブ》

空気圧は適正か……P31

トレッドは十分にあるか……P149

サイドは劣化していないか……P149

バルブは斜めに入っていないか……P45

英式バルブの虫ゴムは劣化していないか……P30

《リム・スポーク》

リムは振れていないか……P56

スポークの緩み、折れはないか……P57

《ハブ》

ガタはないか……P132

ブレーキ

《ブレーキ本体》

片効きしてないか……P70

動きが鈍くないか……P64

《ブレーキレバー》

角度は適当か……P60

遊びは適当か……P61

ストロークは適当か……P61

レバーの引きは重くないか……P64

アジャスターは出過ぎていないか……P62

《ブレーキシュー》

減っていないか……P72

リムに正しく当っているか……P70

《ワイヤー》

しっかり固定されているか……P66

ほつれ、錆はないか……P66

アウターケーブルのへこみ、折れはないか……P66

《オイルディスクブレーキ》

レバーを握って、スカスカではないか……P78

パッドがローターに擦れていないか……P77

ギア

《チェーン》

オイルは十分にあるか……P26

汚れ、錆はないか……P25

伸び、ネジレはないか……P99

各コマはスムーズに動くか……P99

《フロントディレイラー》

チェーンは外れやすくないか……P82

しっかりと変速するか……P88

《リアディレイラー》

チェーンは外れやすくないか……P84

しっかりと変速するか……P90

ペダル・クランク

《クランク》

緩んでいないか……P125

《BB》

緩んでいないか……P133

音が鳴りはしないか……P133

《チェーンリング》

ゆがんでいないか……P128

緩んでいないか……P128

《ペダル》

緩んでいないか……P122

シャフトから音鳴りしないか……P133

ハンドル・サドル

《ハンドルバー》

進行方向に対して垂直になっているか……P110

ステムにはしっかり固定されているか……P110

幅、角度は適正か……P104

《グリップ》

空転しないか……P112

末端はむき出しになっていないか……P112

《ヘッドパーツ》

ガタはないか……P132

《サドル・シートポスト》

ぐらつきはないか……P116

角度、前後位置は適正か……P118

クイックレバーはスムーズに動くか……P116

シートポスト挿入部分にはグリスが塗ってあるか……P119

フレーム・サスペンション

《フレーム・フロントフォーク》

ひずみはないか、塗装はひび割れていないか⇒ショップへGO!

《フロントサスペンション》

スムーズに動くか……P134

《リアサスペンション》

初期設定は適正か……P136

スムーズに動くか……P136

オイル、エア漏れはないか⇒ショップへ!

ピボットは緩んでいないか……P136

トラブルベスト10

やまみちアドベンチャーという名称で、オフロードとオンロードでのガイドつき自転車ツアーを開催しているが、そのツアー中に起こった発生頻度の高い“メカトラブルベスト10”を選んでみた。

第1位／チェーントラブル

インナー×ローギアで、オフロードを走行していたらチェーンが上下左右に激しく揺れて外れてしまった。しかも、気づかずにそのままペダルを踏み込んだためにチェーンがBBに噛み込んでしまった。さらにはチェーンが切れたこともある。

第2位／パンク

MTBではリム打ちパンク、ロードバイクでは貫通パンクがとても多い。

第3位／ブレーキメンテナンス不良

雨やドロの中を走っていたら、みるみるうちに新品だったブレーキシューが減ってしまい、シューのホルダーがリムに当たったり、音鳴りも発生。これを繰り返したために、リムが割れた事例もある。

第4位／ギアの変速不良

インデックス調整不良でギアを変速しようとしてもフロント、リアディレイラーともに、カチャカチャと音を立てるだけで変速せず、チェーンも外れやすくなった。

第5位／ワイヤーメンテナンス不良

ブレーキや変速の操作がなぜか重いのでよくチェックしたら、インナーワイヤーのほつれや錆、アウターケーブルの折れ曲がり、破損などを発見した。

第6位／グリップの緩み

雨の中、走っていたら、突然グリップが回転し始めてハンドルバーからグリップが抜け、転倒した。

第7位／ディスクブレーキのトラブル

オイルディスクブレーキがついた自転車をさかさまにしたために、その後、ブレーキレバーを握ってもまったく感触がなくなった。他にパッドがローターに擦れるなどのトラブルもある。

第8位／チューブレスタイヤでのパンク

パンクしないと思っている人がいたが、ガラス片などが刺さってパンク。

第9位／ベアリング部分の緩み

ハンドル回りやハブがガタついているのに、本人はまったく気にせずに乗っていた。しかし、そのまま乗り続けたためヘッドパーツ交換となってしまった。

第10位／クランクのペダルネジ山破損

ペダルをはめる際、ペダルシャフトを斜めに挿入しクランク側のネジ山を破損してしまった人がいる。クランク交換は出費も大きいので注意が必要だ。

第1章
基本

自転車の部品の名前が分からない

メンテナンスに必要な工具は

自転車のクリーンナップ

自転車の部品の名前が分からない

「自転車用語がよく分からない」というのは、よく聞く話。
自転車はパーツの集合体なので、細かな名称も多い。
トラブル対策やメンテナンスのために、
主なパーツの名称をしっかり覚えておこう。

【ハンドル周辺】

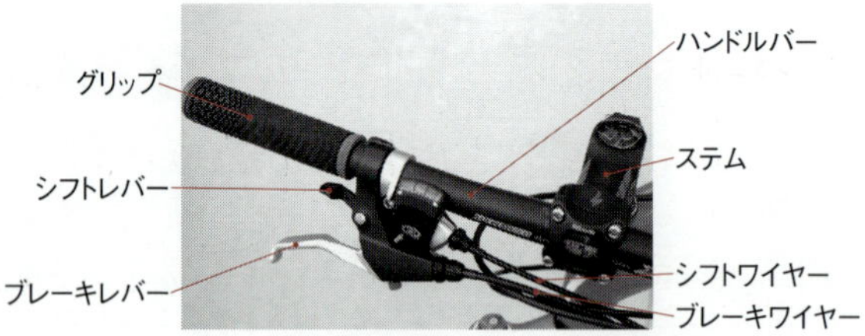

【ホイール、ブレーキ周辺】

【クランク周辺】

【リアディレイラー周辺】

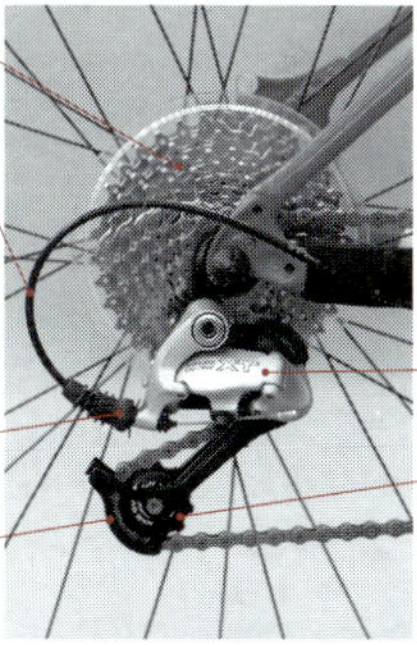

【リアサスペンション周辺】

メンテナンスに必要な工具は?

メンテナンスやトラブルシューティングのためには工具は必要。
一般工具はホームセンターなどで、専用工具は自転車プロショップで買うことができる。必要に応じて買い揃えていこう。

工具の使い方

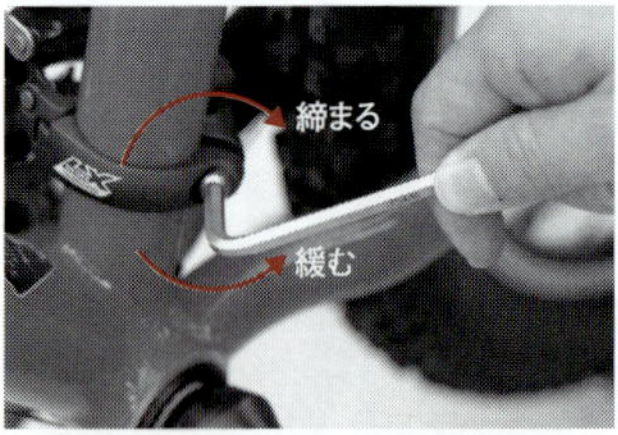

時計回りで締まり、反時計回りで緩む。左側のペダルや、BBの右側など、ネジ山が逆向きになっている箇所もある

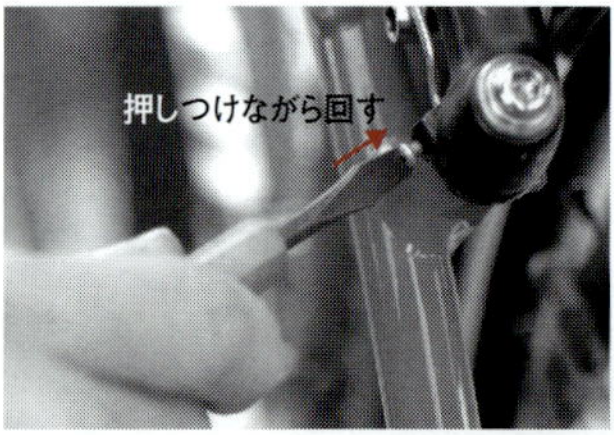

ボルトを回すときは、軽く押し込みながら回すようにしよう

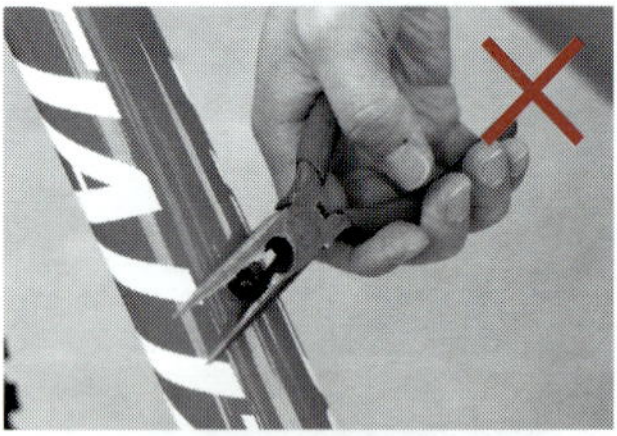

ラジオペンチはボルトを回すためではない。ボルトの頭の部分を傷めてしまうのでやってはいけない

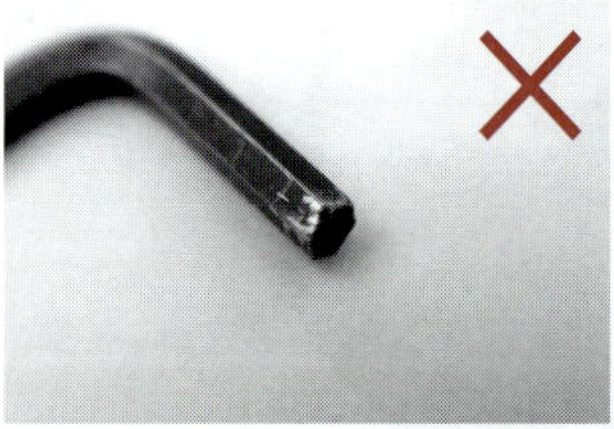

精度の悪い工具、サイズの合っていない工具を使うと、角をなめてしまう。ボルトを傷めることもある

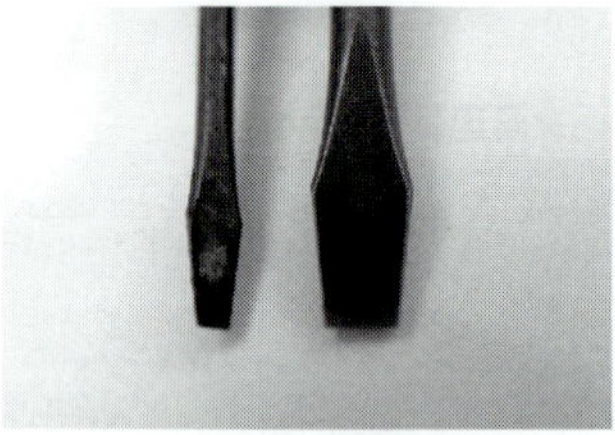

ドライバーも大小ある。ボルトの溝に合ったサイズを使う

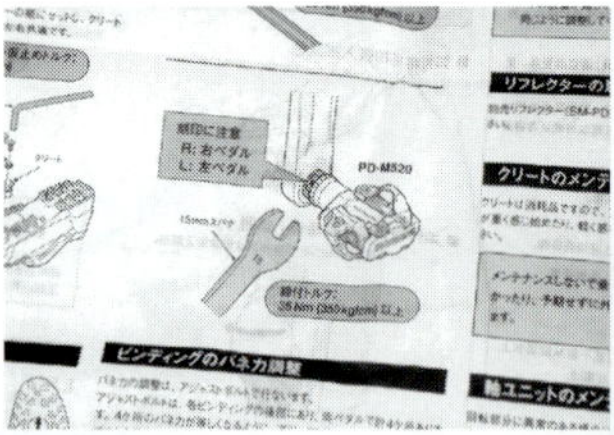

ボルトなどの締めつけには、指定トルク(締めつける強さ)がある。詳しくは専門店に相談してみよう

恐縮ですが
50円切手を
貼ってお出
しください

郵便はがき

1 0 5 - 8 5 0 3

東京都港区芝大門1-1-33

山と溪谷社

書籍愛読者アンケート係　行

ふりがな
ご住所〒

ふりがな	E-Mail
お名前	
男・女　　歳　　職業	電話　　（　　　）

【ご注文欄】このはがきでご注文承ります!!

※ご注文をご記入下さい。ご指定の書店にお届けします。

※書店名のご記入がない場合は、宅配便にて代引き扱いでお送りいたします。
1回のご注文につき別途発送手数料380円（税別）がかかります。

※ご住所・お電話番号を必ずお書きください。（入荷連絡に必要です）

シリーズ名・書名（似たタイトルの商品が多数ございます。シリーズ名ともはっきりとご記入お願いいたします）		
	本体価格（税別）	円
	本体価格（税別）	円

入荷希望書店

都道府県	市・区郡	書店名：
	書店TEL：　　（　　　）	

出版部（自然）

自転車トラブル解決ブック

500270—①

本書を何で 知りましたか	書店で　小社雑誌　小社案内　新聞　雑誌　テレビ 小社ホームページ　車内吊　知人から　他（　　　　　　　）		
ご購読新聞名		ご購読雑誌名	
どちらでご購入 されましたか	書店名：（　　　　　）市（　　　　　　）、小社直接、 インターネット：（　　　　　）、その他（　　　　　　）		

■本書ご購入の動機

■本書のご感想

■どんな本・雑誌を読みたいですか？

■ご意見・ご希望など自由にお書き下さい

◎小社出版物のご注文は、ホームページ http://www.yamakei.co.jp/、または
小社注文センター（電話03-3436-4040）でも承ります。

愛読者サービス　このカードをお送り下さった方の中から毎月抽せん（10日締切）により
記のとおり図書カードを進呈いたします（発表は毎月の「山と溪谷」誌」
1等3,000円5名、2等2,000円10名、3等1,000円20名

一般工具

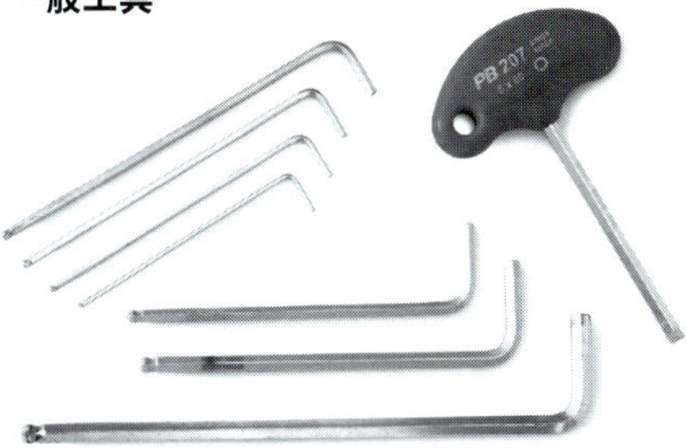

アーレンキー（ヘックスレンチ、六角レンチ）

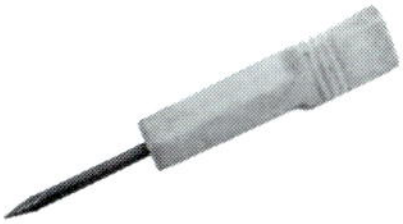
ニードル

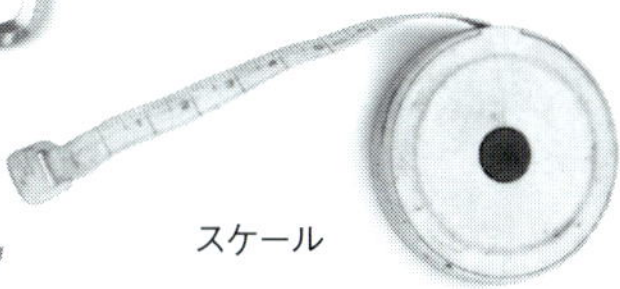
スケール

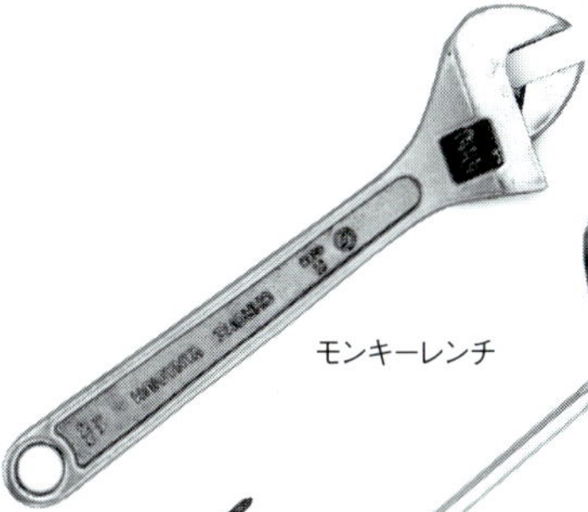
モンキーレンチ

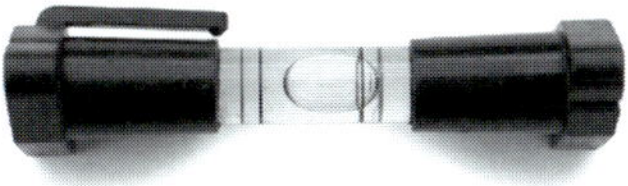
水準器

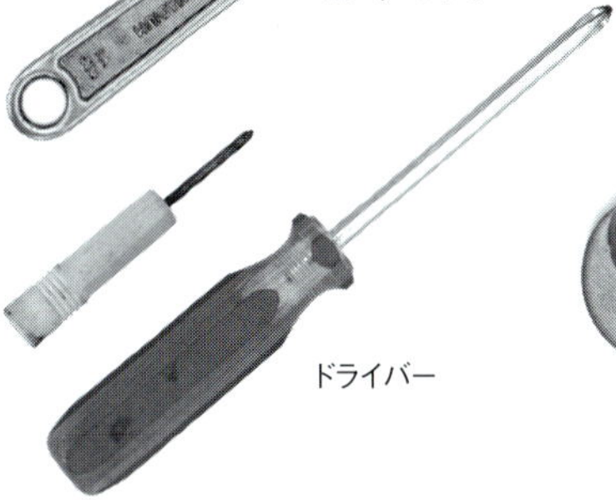
ドライバー

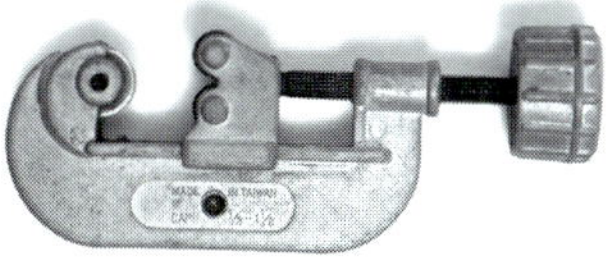
パイプカッター

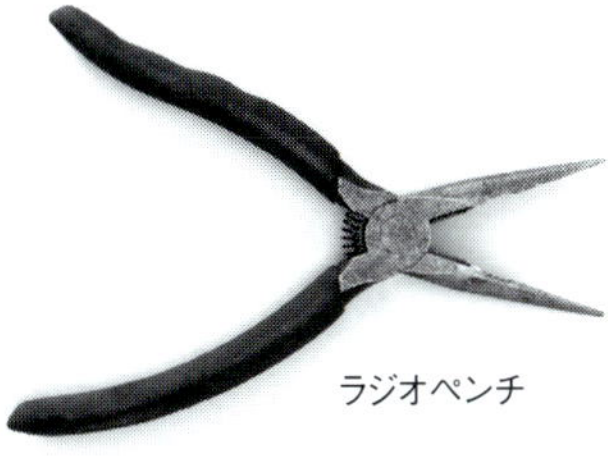
ラジオペンチ

タイラップ

ヤスリ

メンテナンスに必要な工具は?

専用工具

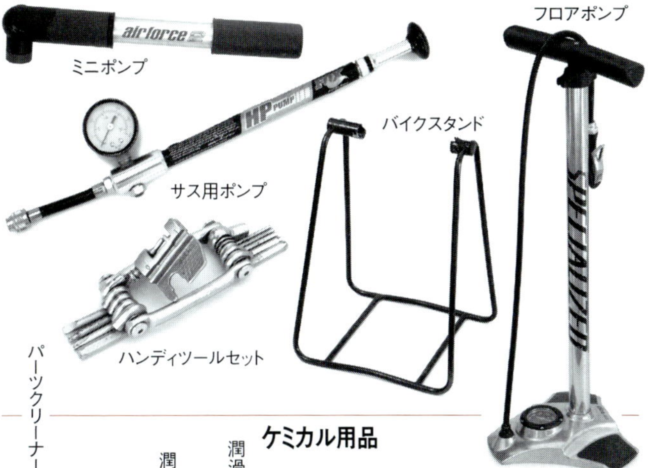

ケミカル用品

オイル関係はとりあえず1本で何でもすませたいというなら、ホームセンターで売っている潤滑オイルを使おう。洗浄から注油までをカバーする。ただし油分が乾きやすいので、こまめに注油する必要がある。パーツクリーナーも油分を取り払うものとして重宝する。専用ケミカルとしては、潤滑オイルはホコリを吸い寄せにくい特徴を持つ。水置換系のオイルは、濡れた部分に注油してもオイルが水分の内側に浸透する優れもの。シリコン系のオイルやグリスは、樹脂を傷めないので非金属部分にも安心して使用できる。チェーンオイルも各種あるが、ドライタイプはホコリを寄せにくいので使いやすい。グリスはベアリング部分やネジの溝の部分に使用する。ロックタイトとはネジの緩み止め防止剤のこと

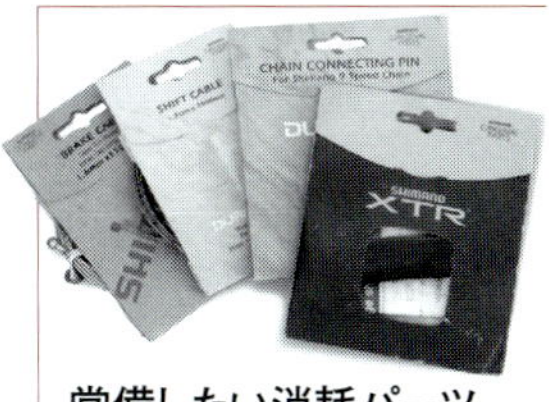

常備したい消耗パーツ
ブレーキシュー、ブレーキワイヤー、シフトワイヤーなど

自転車の動きが悪い。よく見たら油汚れ、ドロづまりだ

最初はピカピカだった自転車も、いつの間にかドロづまり、油汚れで変な音はするし、乗っていてすごく疲れる。このままだといつか事故を起こしそうだ。トラブル防止の第1歩は自転車の掃除から。

自転車を洗車する

自転車は水で丸洗いしてもいい。特にMTBでは、こびりついたドロを浮かせるために有効。水をかけるときは霧状にするのがベターだ。また、スポンジに水をつけて洗ってもいい。洗車後にはしっかりと注油することが大切なポイントだ

洗車に使用するのはバケツ、中性洗剤、パーツクリーナー、ブラシ、スポンジなど。使い古しの歯ブラシや、小さなブラシなども細かな部分の汚れを落とすときに便利だ

濡れたタオルなどで泥を拭き取る方法は、丸洗いよりも、オイルやパーツの内部に水が浸入しにくい

★パーツクリーナー＝チェーンなどについた油汚れを取り除くケミカル

タイヤのブロック部分についたドロは、高圧の水をかけると落ちやすい

中性洗剤をつけて洗う場合、毛足の長いブラシや先の細いブラシなどを使い分けると、より効果的だ

パーツに高圧の水をかけると、パーツの中に水が入ってしまうので絶対に避けること

洗剤を洗い流したら、自転車を10cmほど持ち上げてそこから落として水を切り、タオルで水を拭き取る

チェーン周辺の油汚れをきれいにする方法

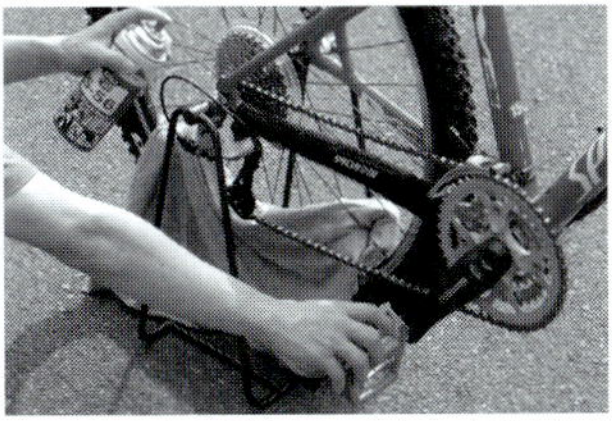

タイヤやリムに汚れがつかないようにカバーしたら、チェーンにパーツクリーナーか潤滑油を吹きかけて布で拭く

灯油をハケなどにつけて、油汚れを落とす方法もある。驚くほどきれいになる

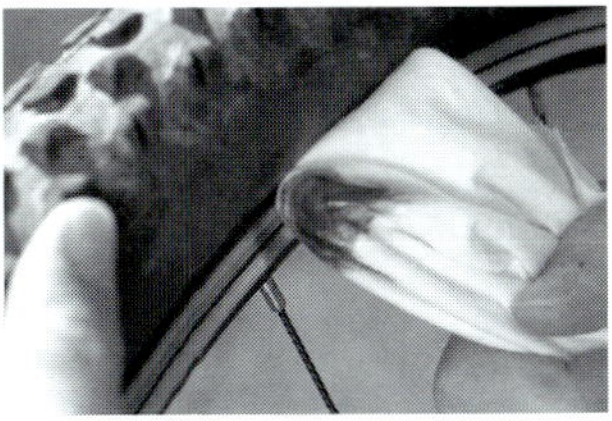

パーツクリーナーを布に吹きかけてリムを拭く。こうすることで、リムについたブレーキシューのカスが取れる

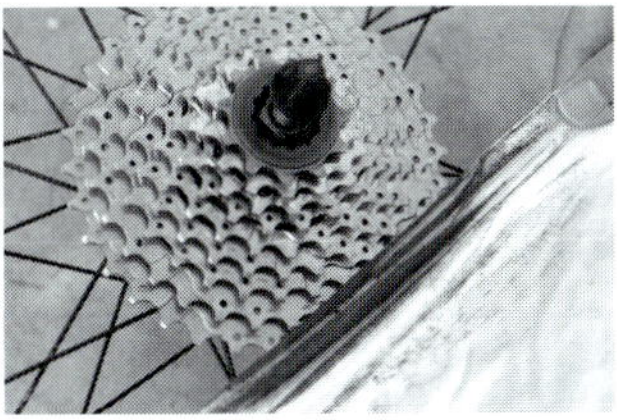

金属部分が光ってきれいになると気持ちいい。パーツクリーナーなどを布に吹きかけ、ギアの間もきれいにする

★ブレーキシュー＝ブレーキ本体についているゴム。リムに当たって制動する

洗車はしたけれど、オイルはどこにさせばいい?

洗車はしたけれど、そのまま放っておけば油分も落ちて錆びてくる。せっかくのピカピカもだいなしだ。洗車と注油はセットで行なうのが基本。ただし、注油してはいけない部分もあるので気をつけよう。

チェーンに注油するときは、オイルがつかないようにリムをウエス(布)などでカバーしてから作業する

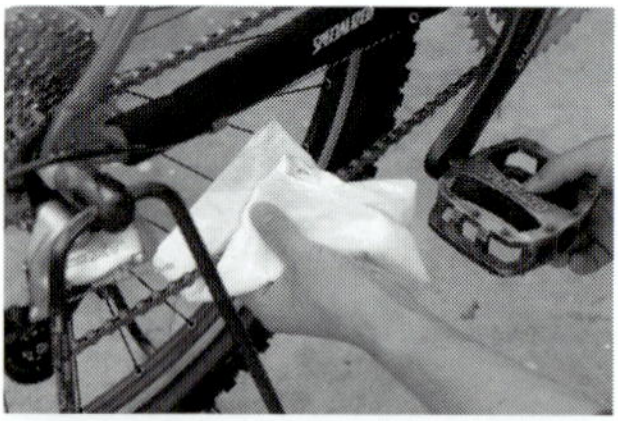

2、3分待ってチェーンがオイルに浸透したらチェーンの外側に付着した余分なオイルを拭き取る

フロントディレイラーの可動部分などにも注油すると、ギアチェンジのときの動きがスムーズになる

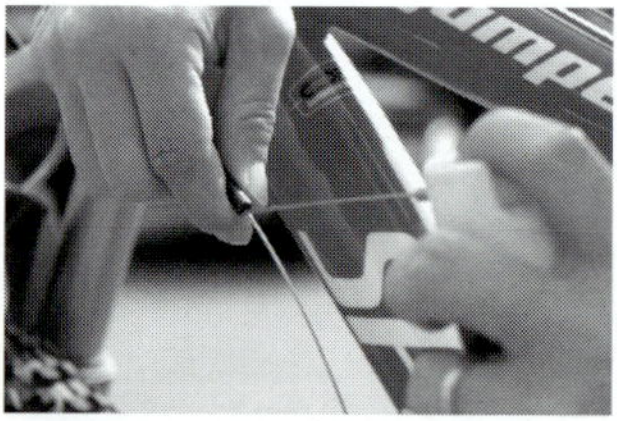

ワイヤーに注油するとシフトレバーの引きはとても軽くなる。作業はシフトワイヤーを外して行なう(94ページ参照)

リアディレイラーの細部など、金属が擦れ合う部分には注油しておくのが基本

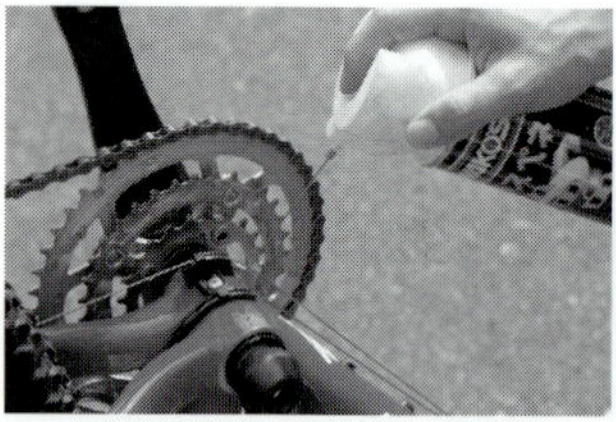

BB下のワイヤーを通すためのワイヤーリードなど、目につきにくい部分にも注油する

★BB=クランクを固定する部分。ボトムブラケットの略

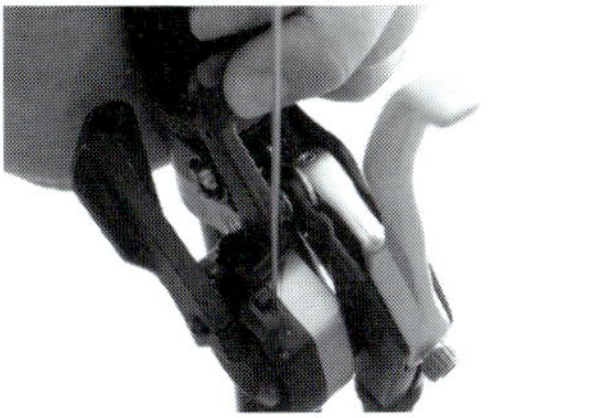

シフトレバーの内側にオイルをさしておくと、変速操作がスムーズになる

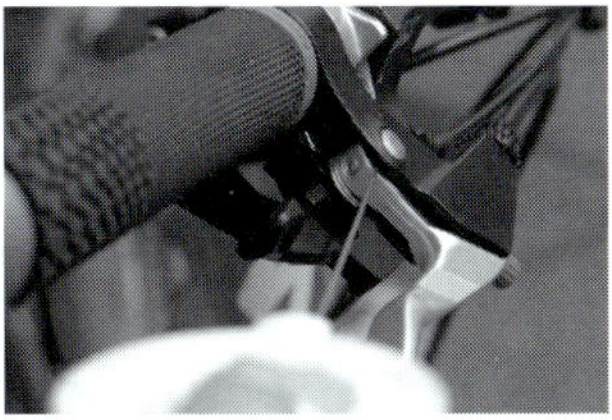

ブレーキレバーの支点にも注油。これだけでもブレーキレバーを引くときのタッチは軽くなる

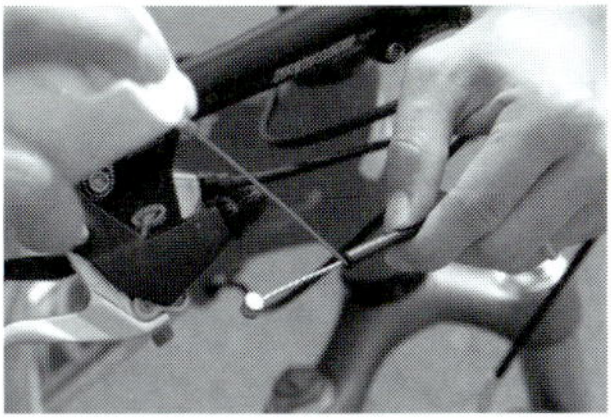

ワイヤーの汚れも拭き取って注油するとブレーキの動きはよくなる（ブレーキワイヤーへの注油64ページ参照）

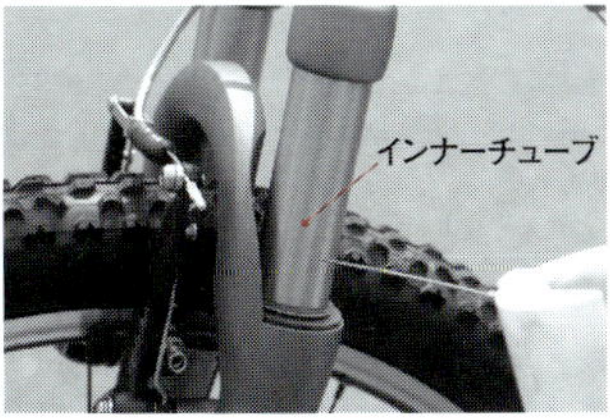

サスペンションのインナーチューブにはシリコン系のオイルを注油するのがベター（23ページ参照）

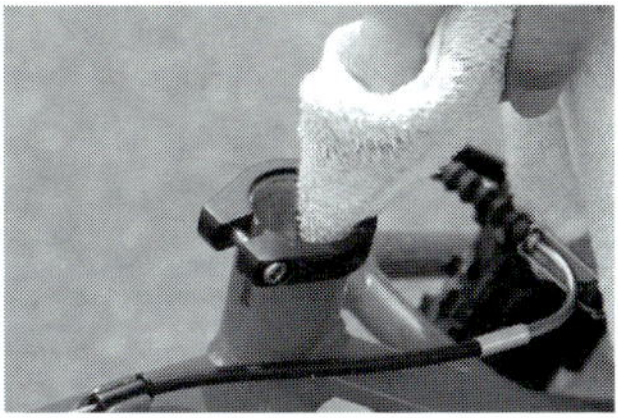

布を使って、シートポストとそれが入るフレーム部分についた汚れたグリスをきれいに拭き取る

シートポストが挿入されるフレームの内側に、軽くグリスを塗っておく

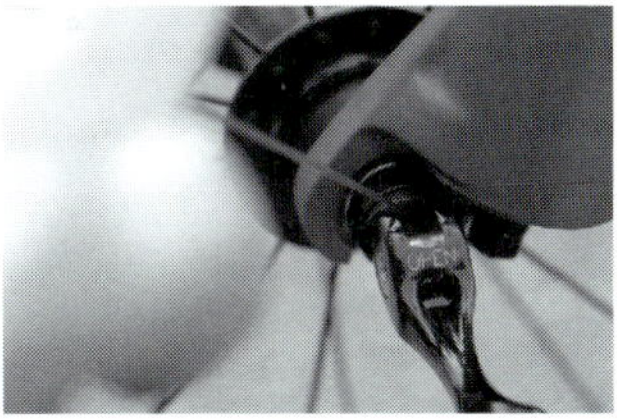

クイックレバーの支点に注油するとレバー操作が軽くなる。シリコン系オイルがベター（23ページ参照）

ビンディングペダルの細部にも注油しておこう

注油してはいけない箇所

リムにオイルがつくとブレーキシューが滑りブレーキが効かなくなる。リムの周辺部分に注油するときは注意

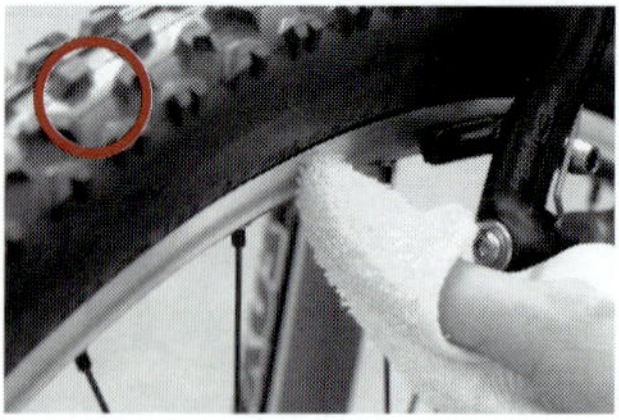

もしリムにオイルが飛び散ってしまったら、パーツクリーナーを布に吹きつけて脱脂する

スプロケットの内側のフリー部分は注油禁止。中のグリスが流れ出してしまうため

BBは水が入らないようにシールドされているが、オイルは染み込みやすいので注油しないように

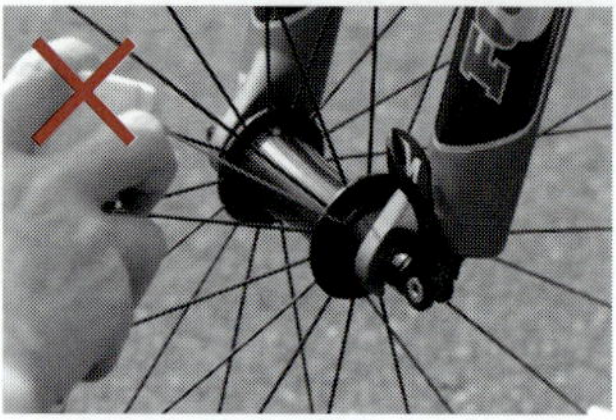

ハブも同様に注油は禁止。オイルが染み込むと、中のグリスを溶かしてしまうからだ

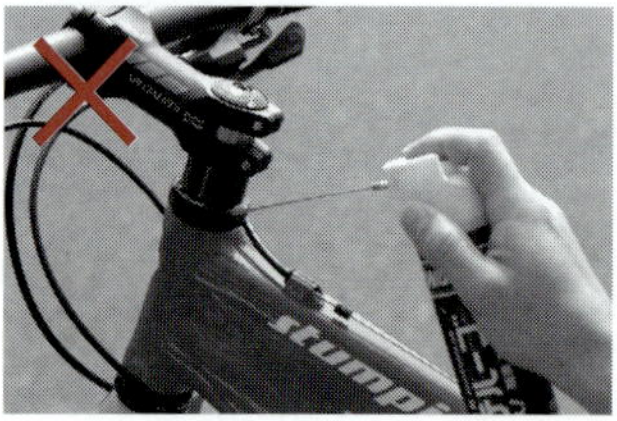

ヘッドパーツの中もハブなどと同様にグリスが入っているので、注油しない

ペダルのシャフト部分にもグリスが入っているので、注油してはいけない

★スプロケット＝後輪についているギア

第2章
ホイール

走っていて重い感じ。タイヤの空気が減っているのかな？

パンクしやすい、乗っていて振動で腕やカラダが疲れると思ったら、タイヤの空気圧をチェックしてみよう。空気の多少で、乗り心地もすごく左右されるからだ。走行前には必ず空気を入れる習慣をつけよう。

バルブの種類

プレスタバルブ（仏式）

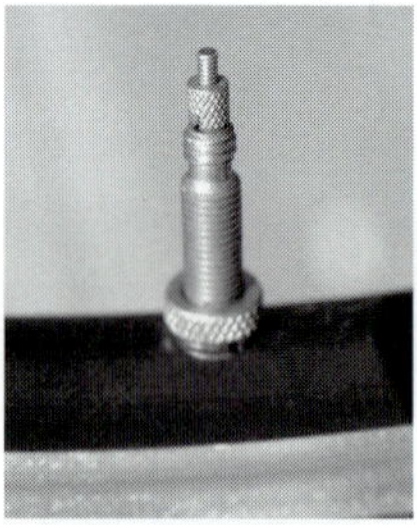

フレンチバルブともいう。微妙な空気圧の調整をしやすい。ロードバイク、MTBなど、多くのスポーツサイクルに使われている

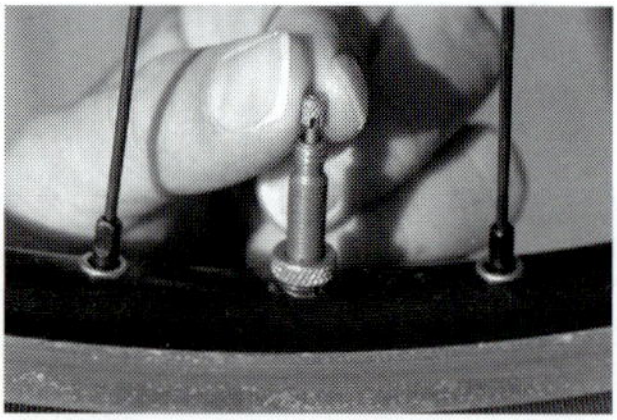

先端のネジを緩めることで、空気を入れたり抜いたりができる

シュレーダー（米式）

クルマやモーターサイクルと同じ形状。ガソリンスタンドのポンプで、一気に空気を入れることもできる。耐久性はこれがイチバン

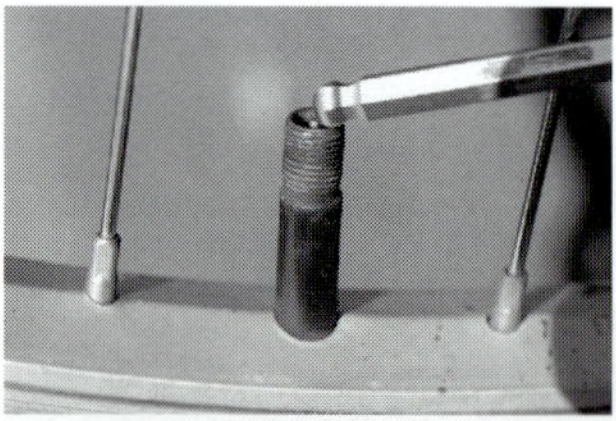

バルブの先端にピンがあり、そこを先端の細いもので押すと空気が抜ける

ウッズバルブ（英式）

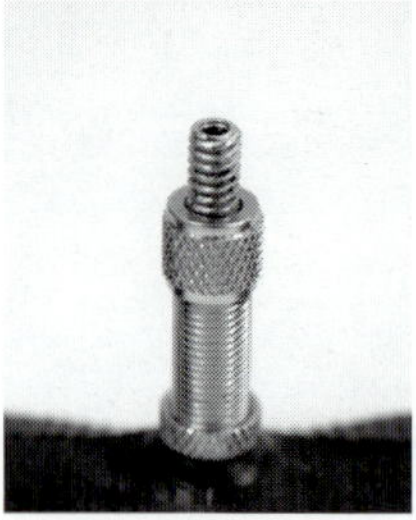

ウッズバルブは国内の自転車に普及しているが、空気圧の調整がしづらいなど、スポーツライドには不向き

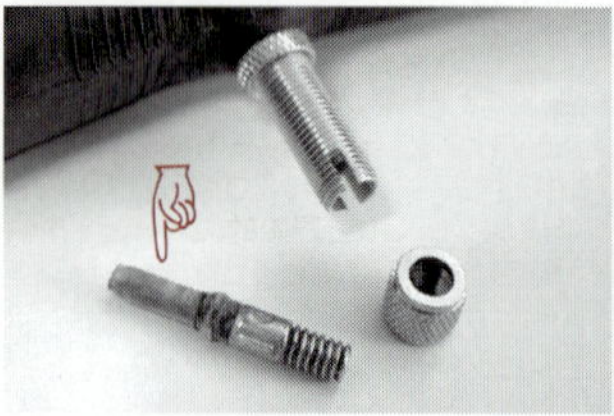

ウッズバルブの中には虫ゴムが入っている。長く使うと劣化する

★虫ゴム＝英式バルブのチューブ側についているゴム。エア漏れ防止

空気圧の違い

高い	←空気圧→	低い
軽い	走行感	重い
悪い	グリップ力	よい
悪い	ショック吸収	よい
少ない	パンク	多い

走りは空気圧で大きく左右される

空気の適正圧を知る

タイヤのサイドを見ると、適正空気圧が記してあるので、その数値に合わせて空気を入れていく

空気圧は高すぎると振動が多くなるが、低すぎるとタイヤがよじれやすい、パンクしやすいなどが起こる

空気圧は専用ゲージ（メーター）か、ゲージつきのポンプでチェックしよう

エアゲージで空気圧を測り、指で押してその感触を覚えておくと、フィールドに出たときに便利

便利グッズ

バルブアダプタがあれば、ウッズバルブのポンプ（家庭用）でもプレスタバルブに使える

《タイヤの空気圧表示のいろいろ》
kgf/（キログラム）＝主に国内
P.S.I.（ポンド）＝主に欧米
kPa（キロパスカル）＝ISO（国際標準化機構）で統合された国際的に空気圧を表示する単位
kgf/、P.S.I.　kPaの換算は以下の通り。
1kgf/＝98kPa＝14.6P.S.I.
1P.S.I.＝6.86kPa＝0.07kgf/
国内では1気圧と表現することが多いが、これは1kgf/のこと

★空気圧＝MTBタイヤで2.5～5気圧、ロードバイクで7～9気圧ぐらい

フロアポンプで空気を入れる

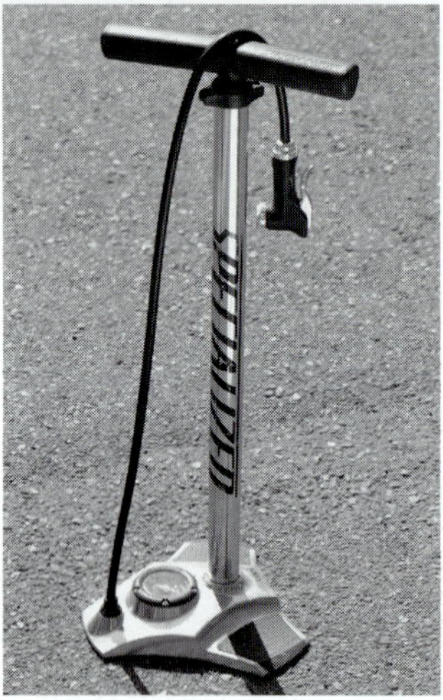

1 携帯用のミニポンプはあくまでも非常用。通常のメンテナンスにはエアゲージつきのフロアポンプが便利

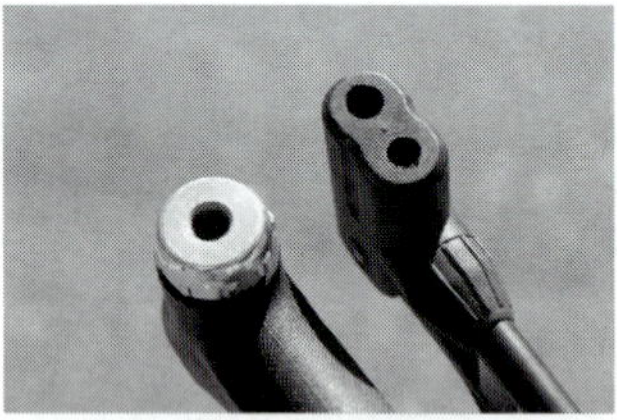

2 ポンプの口金。左はプレスタ、シュレーダー共用。右は上の大きな口金がシュレーダー用、下はプレスタ用

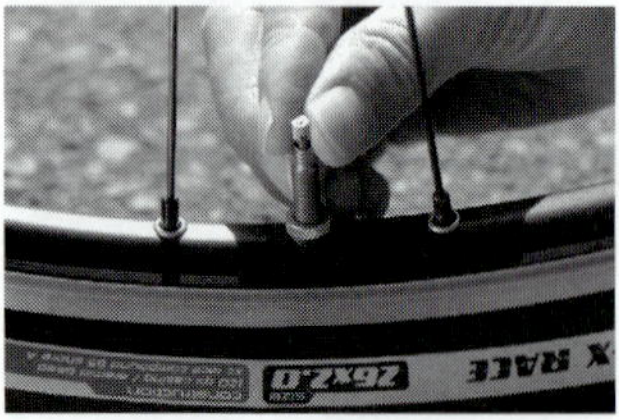

3 プレスタバルブに空気を入れるときは、先端のバルブを緩めてから行なう

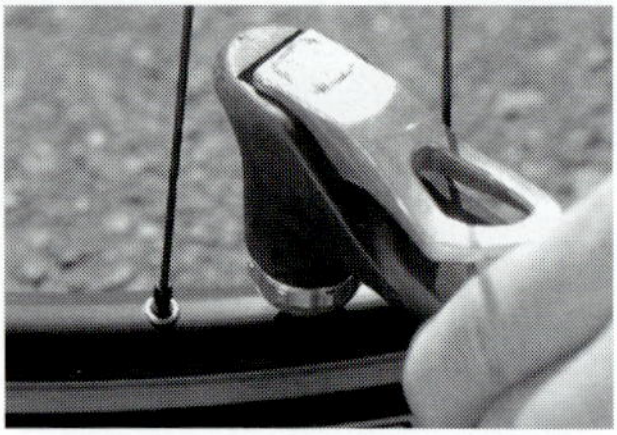

4 フロアポンプの口金にバルブをまっすぐ入れる。斜めに入れるとバルブの先端を傷めることがある

5 口金を奥まで入れたらレバーを立てる。これでポンピング時に空気が漏れにくくなる

6 空気を適正圧入れる。ポンプは長年使うと漏れることもある。ホースやポンプ内部の樹脂などをチェック

★エアゲージ＝空気圧がどのくらい入ったか、ひと目で分かる目盛り

ミニポンプで空気を入れる

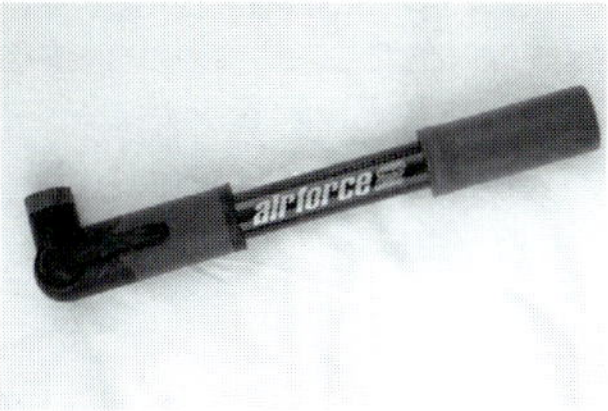

1 ミニポンプはあくまでも携帯用だ。走っているときのトラブルには必需品だ

2 多くのミニポンプは、中のパッキンの順序と向きを替えて違うバルブにも対応可。写真はプレスタ用

3 中央の2つのパーツの向きと位置を入れ替えることでプレスタ用からシュレーダー用に変換

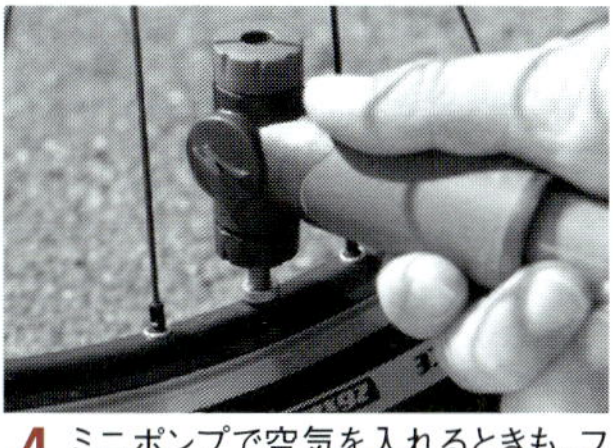

4 ミニポンプで空気を入れるときも、フロアポンプと同様、口金に向かってまっすぐにバルブを入れる

5 ミニポンプのレバーを立てることでパッキンが締まり、空気が漏れにくくなる

6 空気を入れるときは、バルブの部分をしっかりと押さえて行なう。ぐらつくとバルブを傷めることがある

7 できればエアゲージも携帯し、どのくらい空気が入ったかをチェックするとよい

クイックレバーの使い方が分からない

スポーツサイクルはクイックレバーで、簡単にホイール脱着ができるのが特徴。でも、このレバーをグルグル回して使っている人もいる。もっと簡単に、そして確実に使いこなす方法がコレだ。

締める・開ける

写真はクイックレバーを押し込んで閉めた状態（CLOSE）

クイックレバーを引っ張って開けた状態（OPEN）

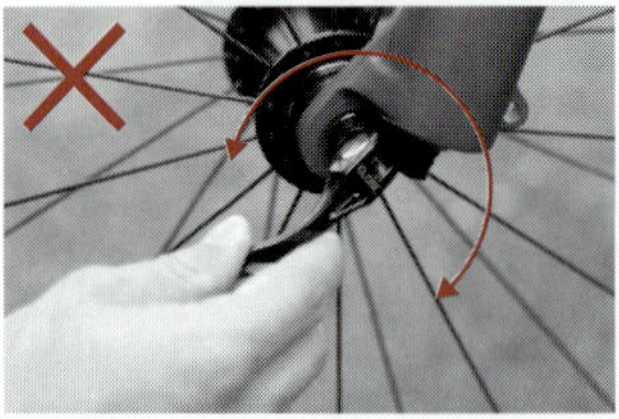

クイックレバーは回して操作するものではない

締めるときのレバーの固さは？

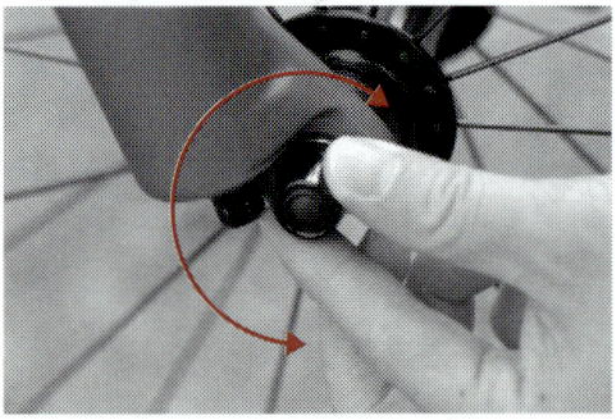

1 クイックレバーの固さ調整は、レバーの反対側のナットを回して行なう

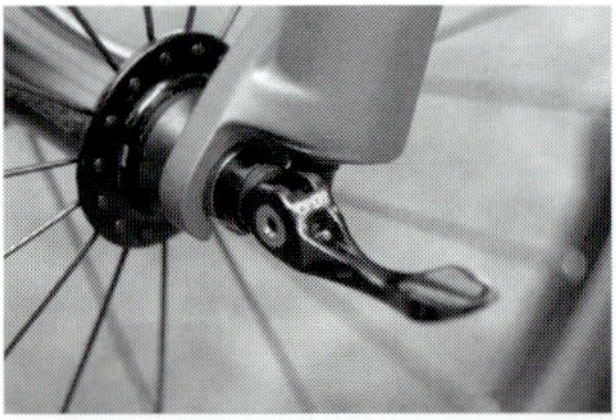

2 レバーが中間あたりで止まるくらいの固さになるようにナットを回していく

3 そこから手のひらで、レバーをグッと押し上げるようにして固定する

★クイックレバー＝ホイールをワンタッチでフレームに固定するレバー

レバーの固定位置

フロント

前輪のクイックレバーは中心から上向きが基本

後方にレバーをセットする方法でもよい

レバーが下向きになると、ヤブなどに引っかかって、レバーが開いてしまうこともある

リア

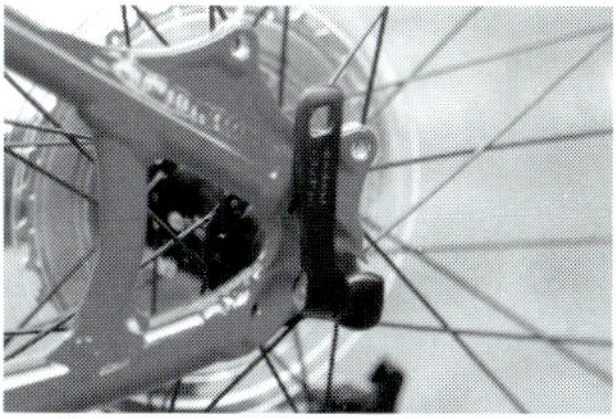

後輪のクイックレバーは上向きにしておくのが一般的

フレームに沿わせるようにしてレバーを固定してもよい

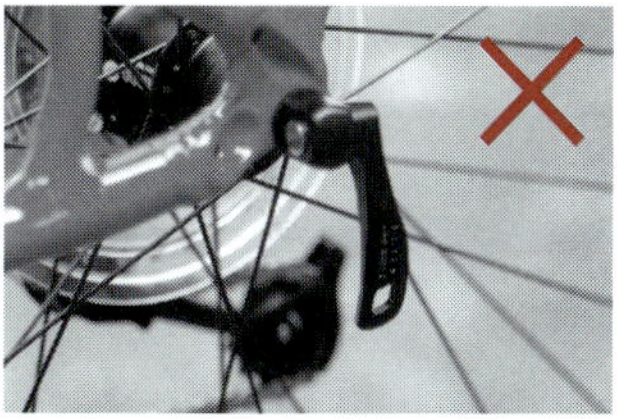

前輪同様、このようにレバーが下に突起していると、何かに引っかかりやすいので注意

ここに注意！

レバーのバネの向きは、内側（ホイール側）が小さい方となる。分解した後は注意

クローズアップ

前後輪ともにエンドの奥までしっかり入っているかチェック。ずれているとブレーキの片効きの原因にも

★エンド＝フレームについているホイールのハブをはめ込む部分

前輪の外し方が分からない 外したらはめられなくなった

ホイールを外さないとパンク修理ができない。また、自転車をクルマに積み込みたいときには前輪が外せるととても便利だ。ちょっとしたコツさえ分かれば簡単にできる、自転車の取扱いの第一歩だ。

前輪を外す

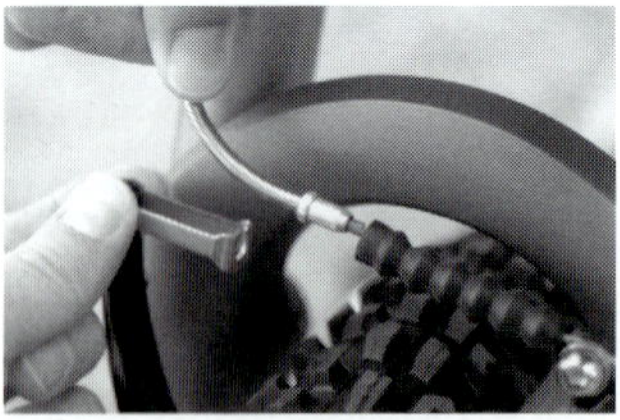

1 ブレーキ本体の両側を押してブレーキワイヤーをたるませ、ブレーキ本体にかかっているワイヤーを外す

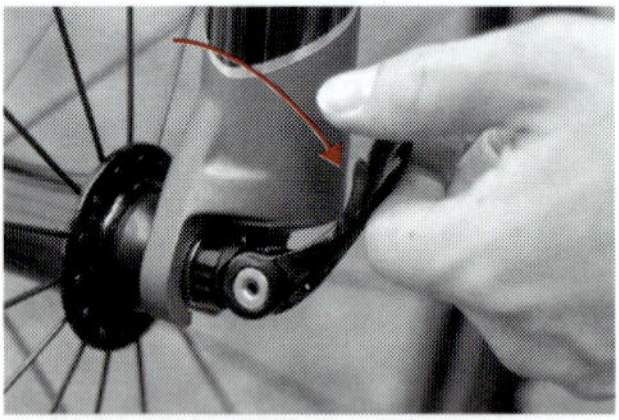

2 クイックレバーの詳しい使い方は34ページ参照。引っ張るようにして、レバーを解除（OPEN）する

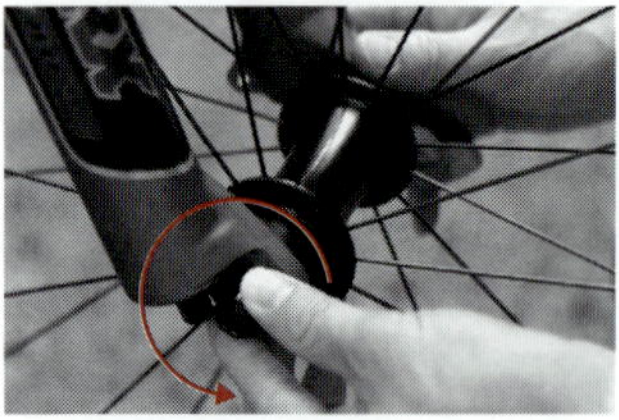

3 レバーの反対側にあるナットを3回転ほど矢印の方向（反時計回り）に回して緩める

4 ナットを緩めた状態からハンドルを持ち上げていくと、前輪はスッポリと抜ける。簡単！

5 前輪が外れた状態。地面に置くときは自転車の左側を下にすると、チェーンなどが汚れにくい

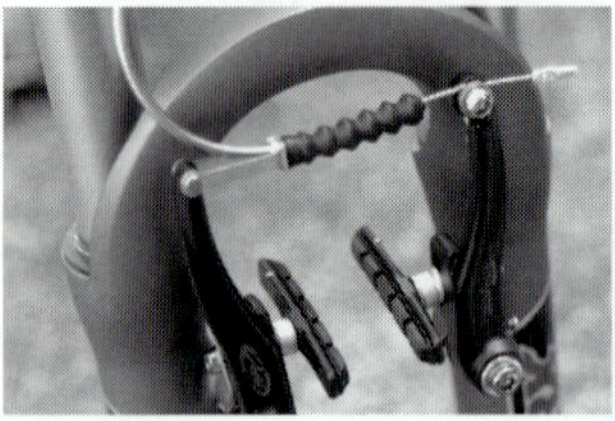

6 前輪を外したらブレーキワイヤーを元のようにかけておくと、搬送中にもブレーキ本体がガタつかない

前輪をはめる

1 フロントフォークのエンド部分に前輪の中心部分を入れる。クイックレバーは左側（ディスクブレーキは逆）

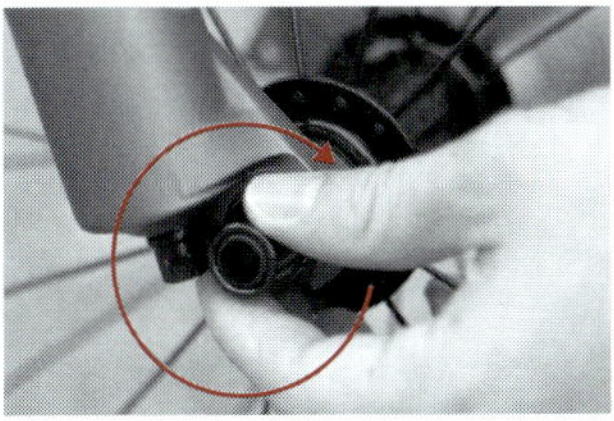

2 レバーの反対側にあるナットを時計回りに3回転ほど回して、適当な固さにする（34ページ参照）

3 手のひらでレバーを押し込む。押し込んだときのレバーの向き（角度）に注意（34ページ参照）

4 最後にブレーキ本体にブレーキワイヤーをかければ完成。これで前輪ははまった

ここに注意!

ブレーキにワイヤーがかからない！　こんなときはレバー側にワイヤーが引っかかっていないかチェックしてみよう

クローズアップ

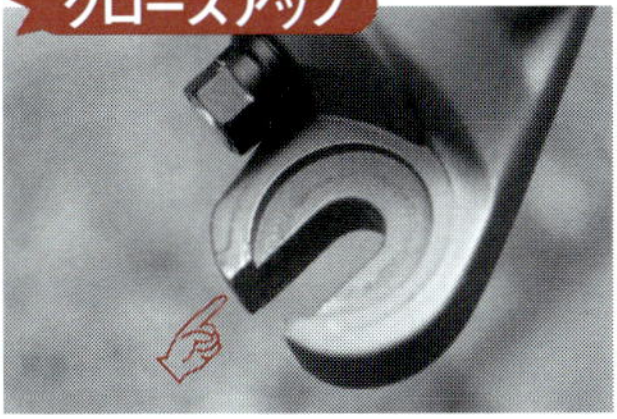

クイックレバーが当たる部分のエンド周りは厚みがある。レバーが緩んでも、前輪の脱落を防止するためだ

なぜ自転車をさかさまにするの？

さかさまにするとフレームが自立するのでホイールの脱着作業がラク。ただしホイールをはめるときにエンドにしっかり入ったか要チェック。正立状態ならフレームの重みで奥まで入りやすいのだ。またハンドル回りやサドルに傷をつけないように注意。オイルディスクブレーキつきの場合、トラブルの原因にもなるので絶対禁止

後輪の外し方が分からない

後輪にはチェーンやディレイラーという、複雑そうなパーツが絡み合っている。これだけでもう後輪を外すことをあきらめてしまいそうだ。
でも、写真のとおりにやってみれば大丈夫。簡単だ!

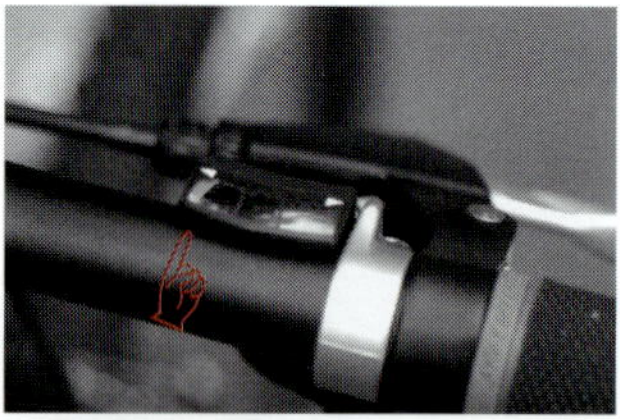

1 後輪のギアをトップギアに入れる。シフトレバーが最大の数字、あるいはH（ハイ）側を指していればよい

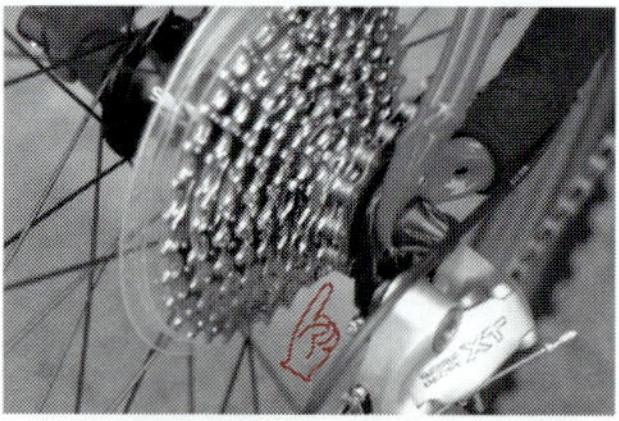

2 スプロケットをチェックしてみて、一番外側の小さいギア（トップギア）にチェーンがかかっていればよい

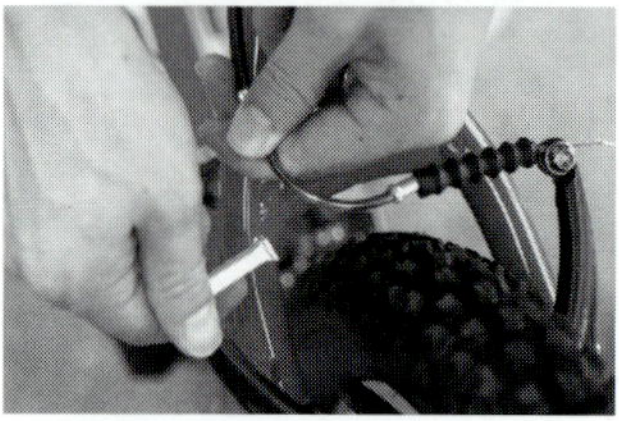

3 前輪を外すときと同じ方法で、ブレーキ本体にかかっているブレーキワイヤーを外す

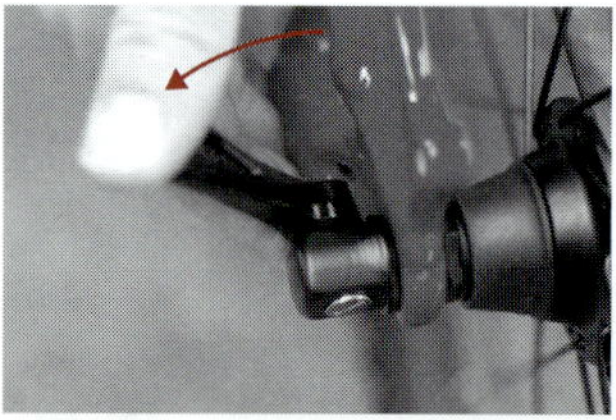

4 クイックレバーの詳しい使い方は34ページ参照。引っ張るようにしてレバーを解除（OPEN）する

ここに注意!

後輪は前輪を外すときのように反対側のナットを回す必要はない。エンドに脱落防止のツメがないからだ

5 フレームを持ち上げていくと後輪のハブ（車軸）が外れていく。外れない場合はホイールを上から軽く押す

★トップギア＝後輪の一番小さいギア。大きいギアはローギアと呼ぶ

6 さらにフレームを持ち上げていくと、リアのエンド部分からハブ部分が完全に外れる

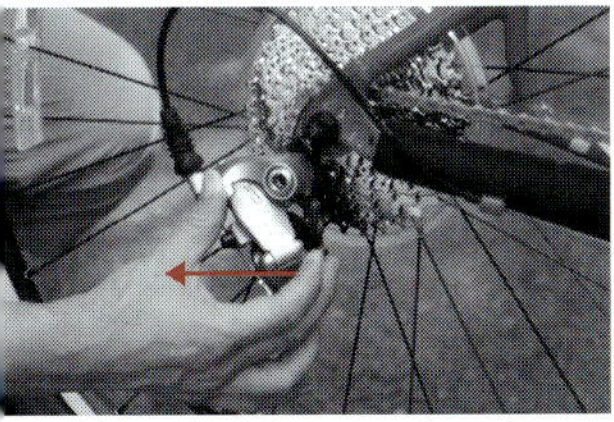

7 外れにくいときは、リアディレイラーの本体部分を後ろに引っ張る方法もある

8 さらに5cmほどフレームを持ち上げると、このような状態になる

9 ⑧の状態からスプロケットにかかっているチェーンを外すと、後輪が完全に外れた状態となる

10 後輪を外した後、チェーンのたるみが気になるときは、ブレーキシューに引っかけておくとよい

11 前後輪を外したら、フレームをさかさまに置けばチェーンにドロがつきにくい。ハンドル周りの傷に気をつけよう

ロードバイクの場合

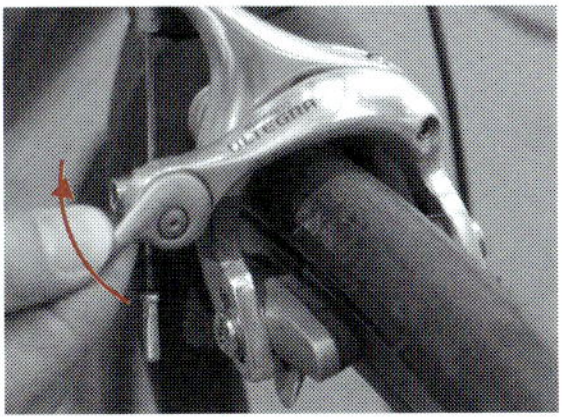

ロードバイクの前輪、後輪を外したり、はめたりする作業は基本的にはMTBと同じ。だが、ロードバイクのブレーキは、写真のようなサイドプルブレーキで、MTBで一般的なVブレーキとは形式が違う。クイックアジャスターがついているので、ブレーキ本体からブレーキワイヤーを外すことなく、それを開ける(緩める)ことでホイールは外れやすくなる

★クイックアジャスター＝ロードバイクのブレーキ本体についている小さなレバー

後輪がはめられない

後輪の脱着ができると簡単にクルマの狭いスペースなどにも積むことができるし、洗車やメンテナンスもやりやすい。後輪をはめるときのコツはチェーンをスプロケットのどこに当てるかだ。

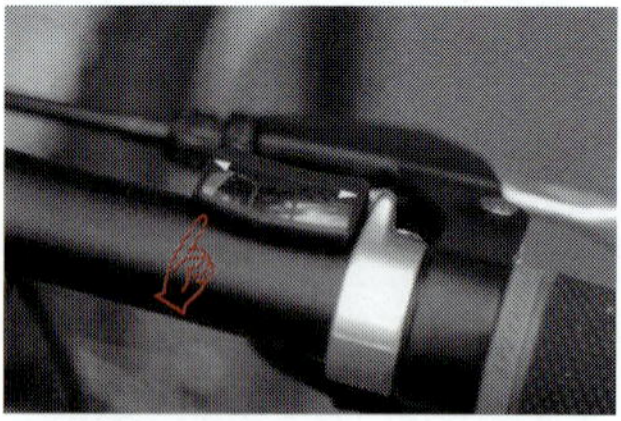

1 後輪のシフトレバーのディスプレイが、最も大きい数字、あるいはH（ハイ）側にあることを確認する

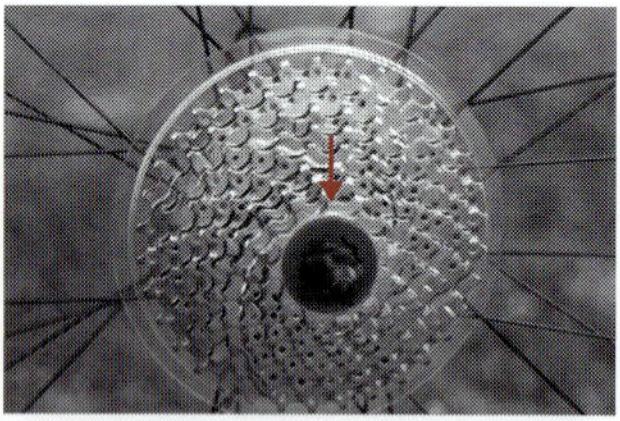

2 スプロケットの矢印部分にチェーンを当てる

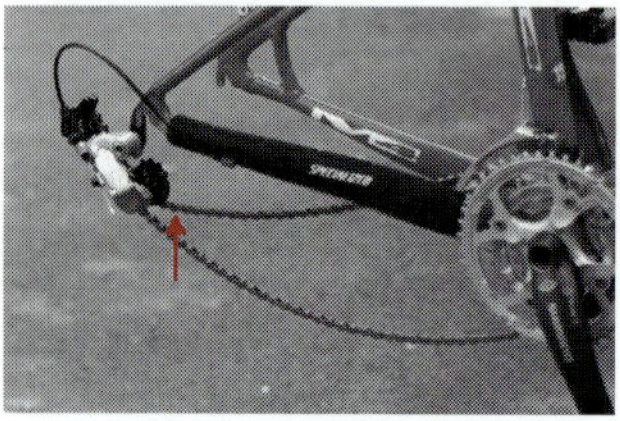

3 チェーンのこの位置の下側に写真②のスプロケットの矢印部分を当てる

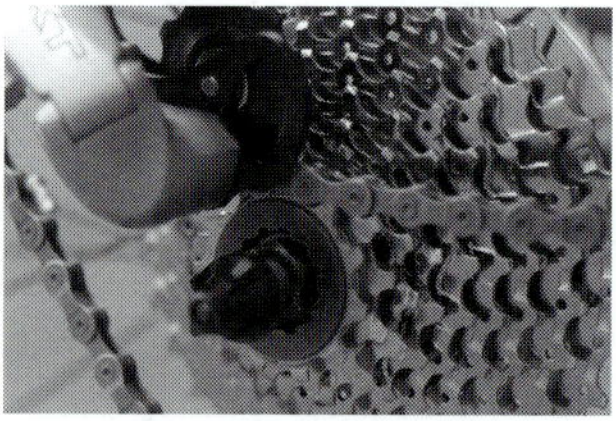

4 スプロケットの一番外側の小さいギアにチェーンを当てた状態

5 ディレイラーのプーリーゲージを下に押すと、フレームが下がってくる

6 ディレイラーの中央部分を後方に引っ張るようにしても、フレームが下がってくる

★プーリー＝ディレイラーについている2つの小さな歯車

ここに注意!

うまく後輪がはまらないとタイヤがブレーキシューにぶつかってしまう。ギア以外のところにも目を向けてみよう

7 これで後輪のハブがリアエンドにかなり近づいてきた

8 ホイールを後ろ上方向に引っ張ると、ハブはフレームのエンド部分に収まる

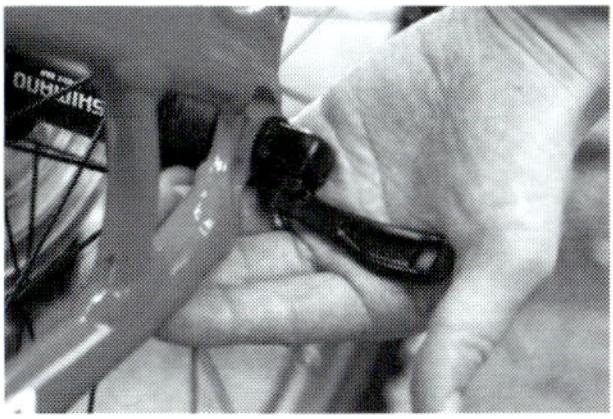

9 クイックレバーを上向きか後ろ向きに締める（35ページ参照）

チェック

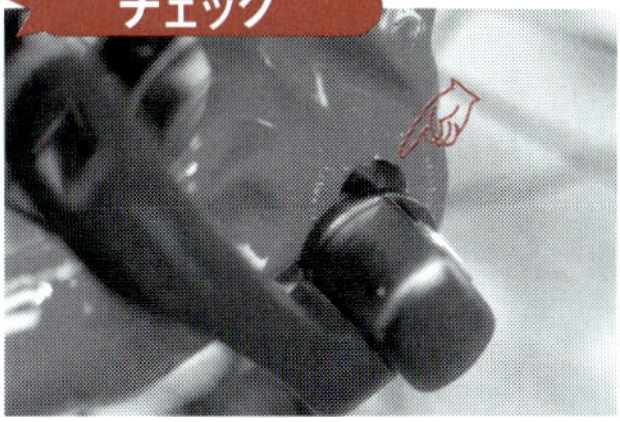

10 左右のハブのシャフト部分が、しっかりエンドの奥まで入っているかをチェックする

11 最後に前輪と同じ方法でブレーキワイヤーをかければできあがり（37ページ参照）

パンクした!
最初にするのがタイヤを外す作業

パンクしたらタイヤやチューブの交換作業が必要。
また、路面に合わせてタイヤを交換したいときにも、タイヤをリムから外す作業を行なうことになる。慣れてしまえば簡単だ。

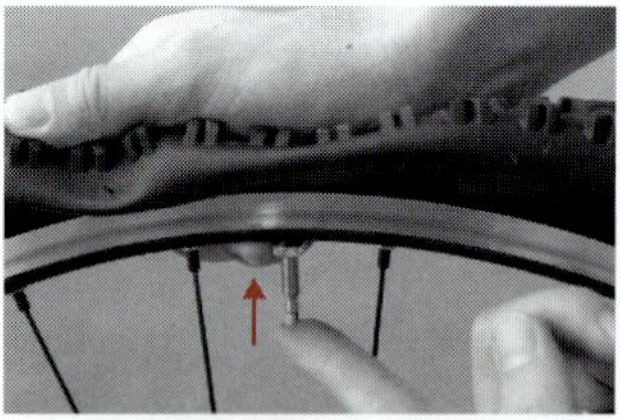

1 バルブの先端を緩めて押し込み、タイヤの空気を抜く

2 バルブの根元についているナットを外す

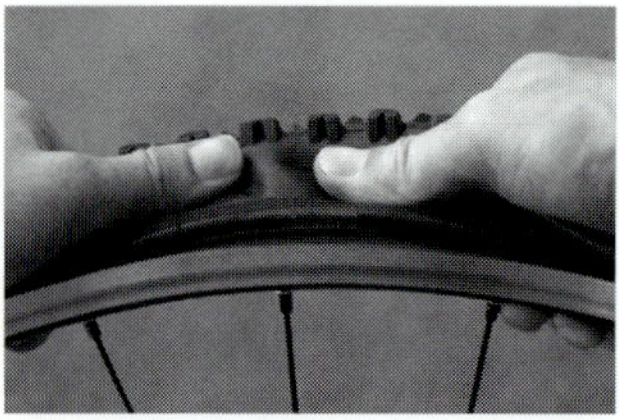

3 タイヤレバーを使わなくても外れるタイヤも多い。タイヤをこじり親指でリムから引っ張り出すように

4 タイヤレバーを使う場合は、中のチューブを傷めないよう、慎重にレバーをリムとタイヤの間に入れる

5 レバーがタイヤとリムの間に入ったらレバーの反対側の先をスポークに引っかける

6 同じようにして2本目のタイヤレバーを10cmほど横に引っかける。これでタイヤのビードが外れる

★ビード＝タイヤのサイドのワイヤーが入っている部分

7 ここでうまくいかなければ3本目のタイヤレバーを差し込み、レバーをリムに沿ってずらしていく

8 タイヤレバーをリムに沿ってずらす作業を素手ですると、タイヤのサイドで手を切ることがあるので注意

9 タイヤの片側がリムから外れた状態

10 タイヤの内側からチューブを引き出していく

11 最後にバルブの部分を引き出すと完全にチューブは外れる

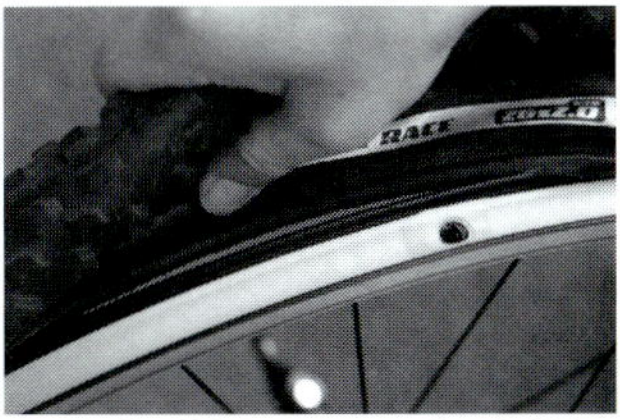

12 残る片側のタイヤのビードを外す。固ければタイヤレバーを使ってもよい

13 1箇所のビードが外れたら、あとは簡単にリムからタイヤが外れていく

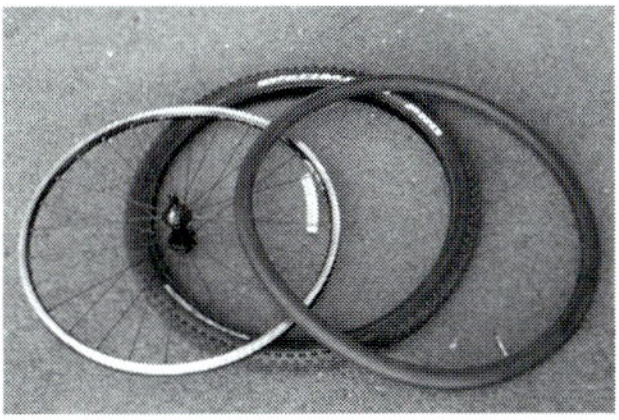

14 リムから、タイヤとチューブが外れた状態

チューブを交換して タイヤをホイールにはめる

タイヤを外したら新しいチューブを入れて、タイヤをリムにはめてみよう。
これができれば、走行中のパンクも怖くない。
ポイントはチューブを入れるときに、タイヤレバーで傷つけないことだ。

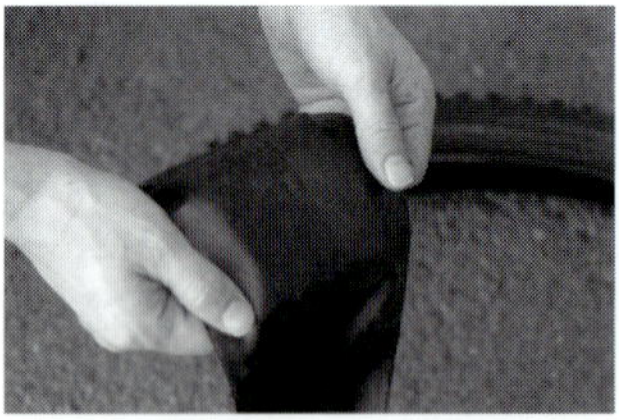

1 タイヤをはめるときに、パンクの原因となったトゲなどがタイヤに残っていないかどうかをチェック

2 タイヤの進行方向がサイドに表示してある。ブランドなどのラベルが右側と考えてもよい

3 バルブとタイヤのラベルを重ねて装着するのが一般的。特に機能上の意味はないが……

4 片側のビードをリムにはめ込んでいく

5 ビードを入れる作業では最後の部分が少し固い。手でできなければタイヤレバーを使ってもよい

6 片側のビードをリムに入れた状態。タイヤのラベルはクイックレバーとは反対側になっている

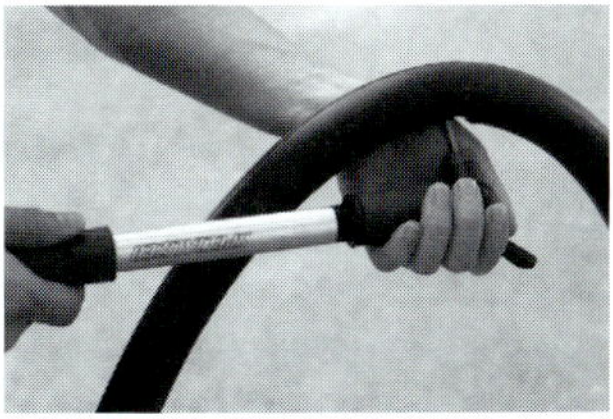

7 ここからの作業は、チューブに軽く空気を入れてから始めるとやりやすい

8 バルブの根元にナットがついていたら、それを外してからバルブをリムの穴に入れる

9 チューブをタイヤの中に入れていく。チューブがねじれないように気をつける

10 チューブが全部タイヤの中に入ったらビード部分をリムに入れていく

11 最後の部分も、手を使ってビードを入れる方がよい。チューブを傷つけにくいからだ

12 手で入らない場合はタイヤレバーを使うが、チューブを傷つけないよう、細心の注意を払う

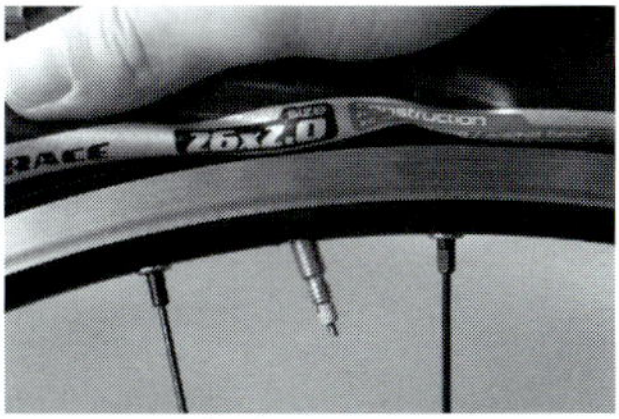

13 バルブが斜めになっているようだったら、タイヤをしごいて修正する

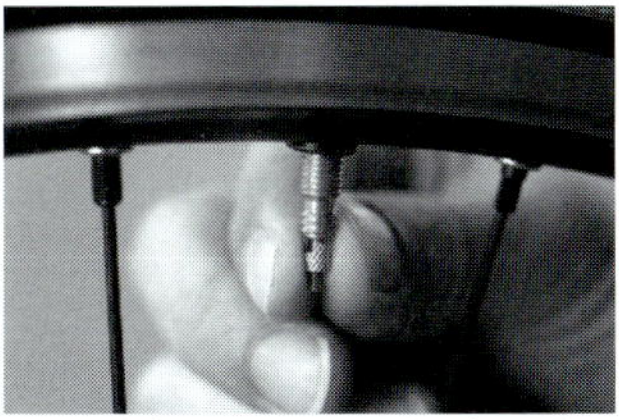

14 空気を入れる前にバルブを一度軽く押し込んでから引っ張り出す。タイヤ全体も軽くもんでタイヤとリムをなじませる

チェック

15 タイヤとリムとの間にチューブがはさまっていないかチェック。はさまっていたらタイヤをしごいて戻す

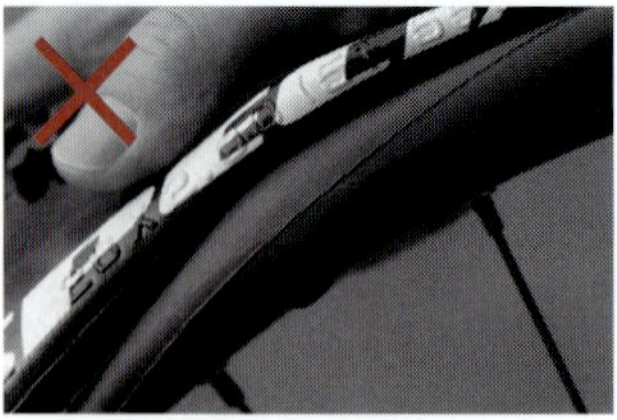

16 チューブとリムとの間にチューブがはさまったまま空気を入れると、そこからチューブが膨らみ破裂する

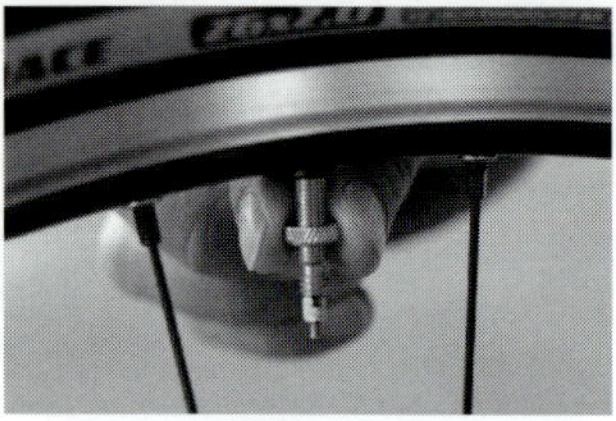

17 ナットを装着。このとき奥までナットを入れず5mmほど残したところでいったんストップ

18 空気を適正圧入れたら、ナットをバルブの奥まで入れる。手で回す程度でよい

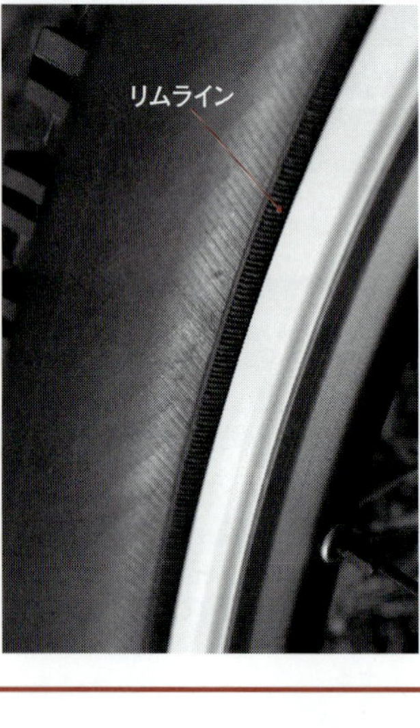

リムラインをチェック

タイヤサイドを見てみると、リムに沿って「リムライン」という線が入っている。リムを一周見渡してみて、この線とリムの縁の間隔をチェックしてみよう。この間隔が一定でなければ、タイヤはリムに対して心円ではないことになる。いったんエアを抜いて、タイヤをしごいて、もう一度エアを入れなおして修正しよう。

走りはタイヤで決まる

フレームの形状など自転車のルックスはさまざまだが、自転車の用途を最もよく表しているのがタイヤだ。

オフロードユースを狙ったＭＴＢには、ブロックパターンのタイヤがつけられているし、オンロードで使うクロスバイクやロードバイクは、ブロックのないタイプだ。

ロードバイクは多少取り扱いが神経質になっても、軽さ（＝速さ）を重視するため細めのタイヤを、クロスバイクは気楽に乗れるようにと、多少太めのタイヤを標準装備している。

また、ＭＴＢのブロックタイヤを、細身のスリックタイヤに交換すると、オンロードを驚くほど軽快に走ることができる。ブロックによる路面抵抗がなくなるからで、オフロード走行は難しくなるが、タイヤ交換によって快適なオンロード仕様となるわけだ。

タイヤの太さを替える場合には、チューブの太さも交換する必要がある場合もある。チューブには、対応するタイヤサイズが書いてあるので見てみよう。

MTB用ブロックタイヤ

MTB用スリックタイヤ

ロードバイク用タイヤ

タイヤサイズは26インチの場合、26×2.1などと表記してある。26がホイールの直径を、2.1がタイヤの幅（インチ）を表している。27インチの場合は、700C×23などとある。700Cは27インチのことで、23はミリメートル表示のタイヤの幅だ。混乱しやすいが覚えておくと便利だ。

パンクしたチューブをリペアする

フィールドでパンクしたときは、スペアチューブに交換するのがベストだが、パンクしたチューブは持ち帰って、パッチを使ってリペアできる。この作業を覚えておけば、チューブの無駄使いもない。

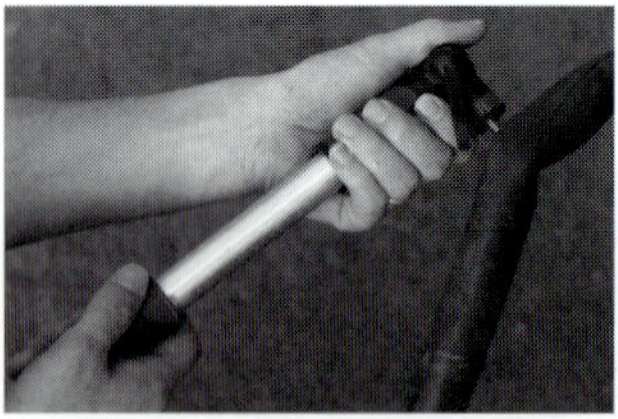

1 チューブに空気を入れる

2 チューブを耳に当てて空気が漏れる音などでパンクの穴を探す

3 ボトルの水をかけて空気の泡を探す方法もある。水を張ったバケツに入れてもよい

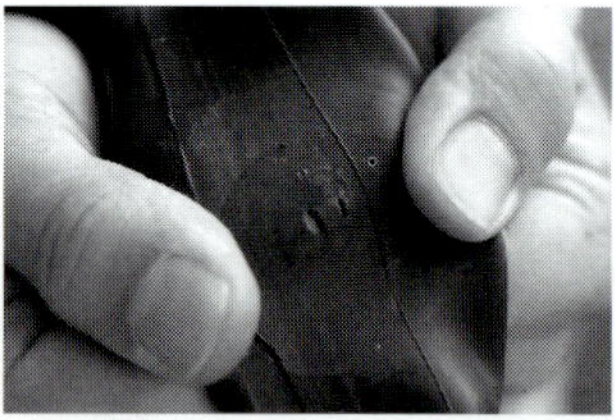

4 パンクの原因となった穴をみつけたら、見失わないようにマーカーなどで目印をつけておく（146ページ参照）

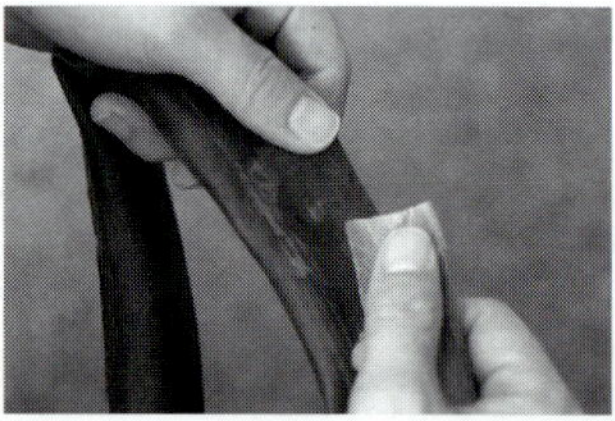

5 パンクした原因となる穴の周りの汚れや水分を取ってから、軽くヤスリがけをする

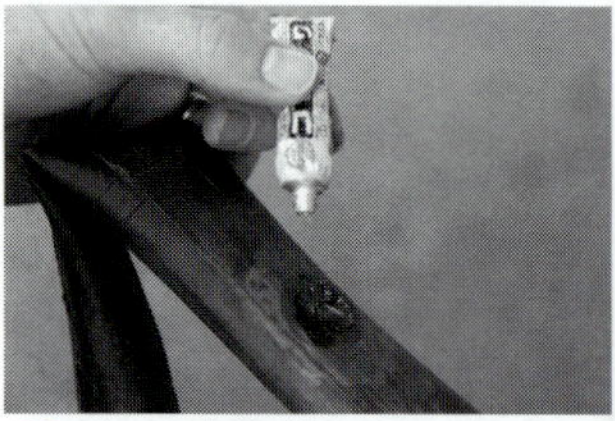

6 ゴムのりを薄く塗る。パッチよりひと回り大きい範囲に塗るとよい

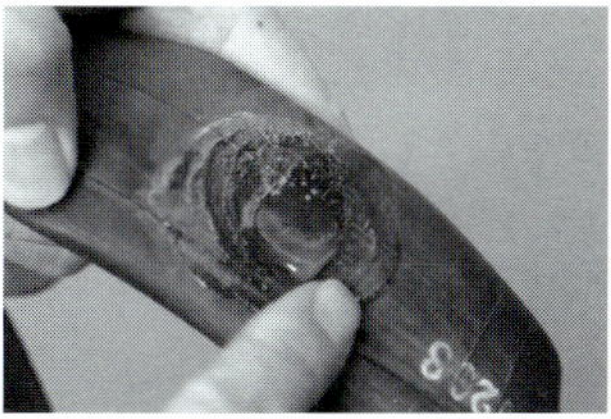

7 ゴムのりを穴の周りに薄く均一に伸ばしてから、半乾きにする

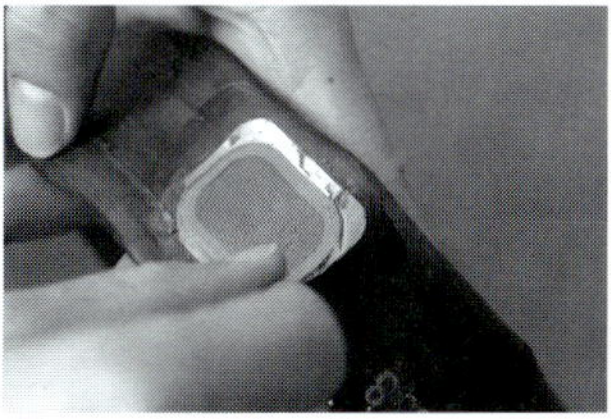

8 パッチの銀色の紙をはがし、透明なセロハンごとチューブに貼りつける

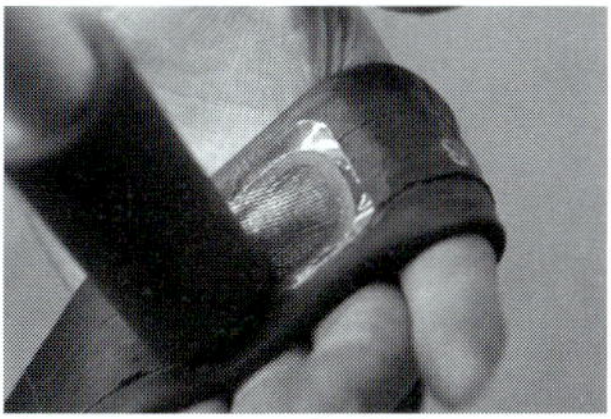

9 パッチとチューブの接着面に入った空気を押し出すように、ポンプの柄などを押しつけて圧着させる

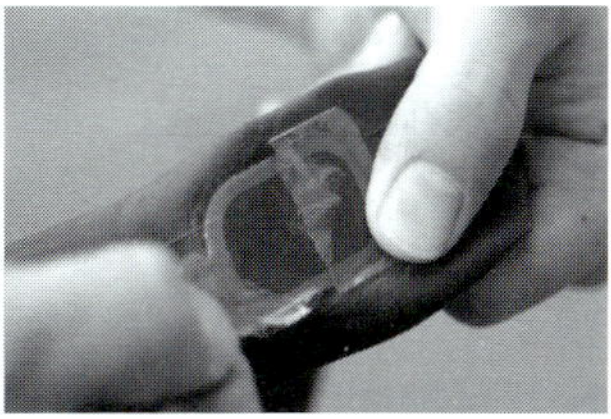

10 最後にセロハンをはがす。セロハンは中央部分から割れるので、そこからはがすとやりやすい

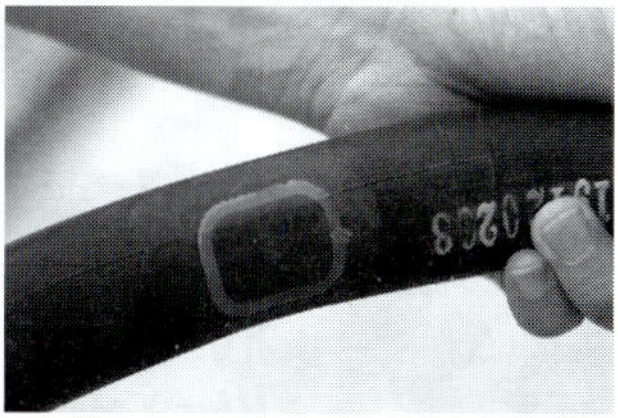

11 空気を入れてみて、漏れがないか、他に穴がないかどうかを確認する

スペアチューブを持って走ろう

走行時にパンクしたら、スペアチューブに交換するのが基本。雨のときはゴムのりがうまくつかないこともあるからだ。また、バルブの根元が破損してしまっていたら修復不可能。タイヤとリムの間にチューブが噛み込んで起こったパンクなども、ほとんどの場合、広範囲にチューブが裂けるので、修理不可能な状態になることが多い（146ページ参照）。そのためにも、スペアチューブは必携なのだ。選ぶときはチューブのサイズとバルブのタイプを間違えないようにしよう。また、ゴムのりは一度開けると、揮発することがある。使おうと思ったら、揮発していたということもあるので注意が必要。キャップはしっかりと閉めておこう

パンクしないと思っていたチューブレスタイヤがパンクした

チューブレスタイヤはパンクしない、と思っている人も多いようだが、実際にはパンクもする。チューブレスタイヤの外し方、はめ方、そしてパンクしたらどうするかなどを知っておこう。

リムの構造

チューブド（左・通常のタイヤ）とチューブレス（右）はリムの構造が違う。チューブレスはスポーク穴が見えない

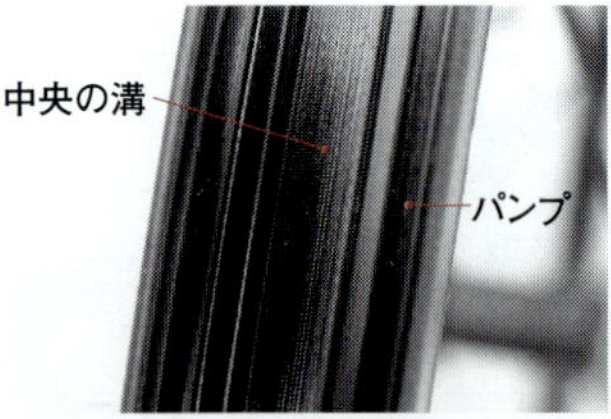

「中央の溝」と、「パンプ」（両サイドの溝）がチューブレスタイヤを取扱うときのキーワードとなる

チューブレスタイヤをはめる

1 バルブ周辺やリムの内側にゴミや汚れがないかチェック。それがエア漏れの原因となるからだ

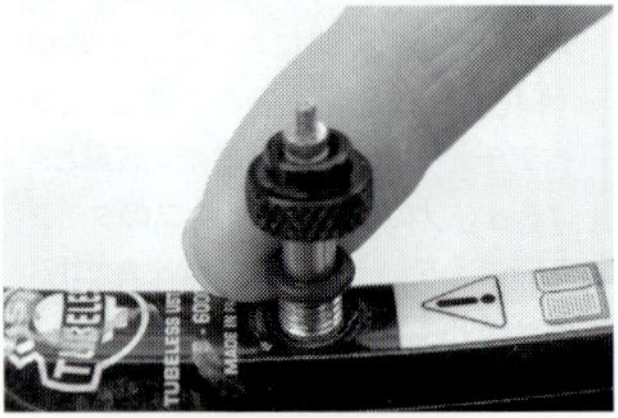

2 バルブの根元のO（オー）リングが劣化していないかどうかもチェックしておく。劣化していれば要交換

3 手でリムにタイヤの片側のビードを落とし込む。バルブの対角線上から始めるとやりやすい

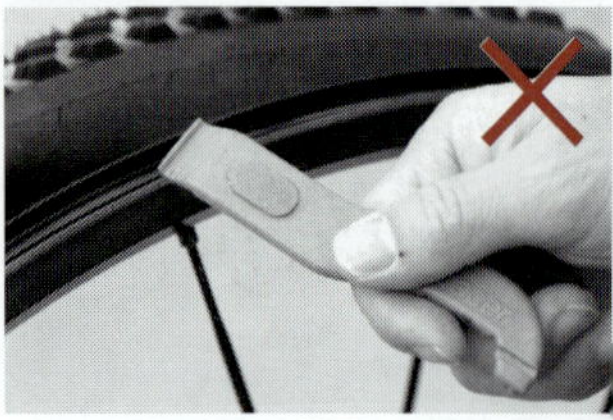

4 タイヤレバーは使用してはいけない。ビードを傷めやすく、そうなると空気漏れの原因となるからだ

★チューブレスタイヤ＝チューブが入っていないタイヤ。リムも専用のものを使う

5 最後にバルブ周辺を入れる。固ければ、ビード部分にビードワックス（なければ中性洗剤）を塗るとよい

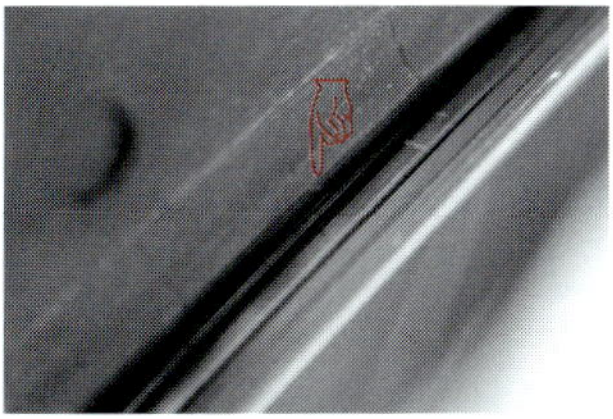

6 リムに収まった片側のビードを、リムの中央の溝に落とし込む

7 もう一方の側のビードを入れる。バルブ周辺は最後に入れる

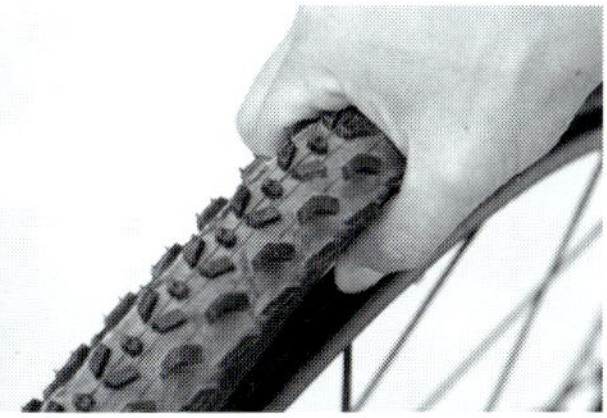

8 両側のビードをつかむようにして、リムの中央の溝に落とし込む

9 空気を入れていくと「パンッ」と音がして、タイヤのビードが中央の溝からパンプに収まっていく

10 走行時の空気圧はともかく、まずはいったん、4気圧まで空気を入れる

11 このあと、エアゲージのエア抜きボタンを押して、希望の空気圧まで落とす

12 リムラインを見て、タイヤがリムに対して心円に装着されているか確認する（46ページ参照）

チューブレスタイヤを外す

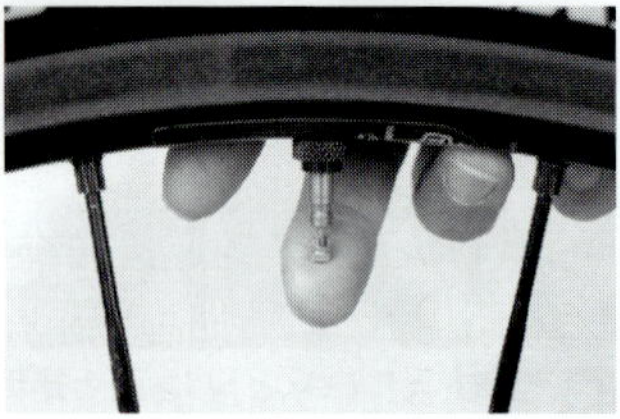

1 バルブを緩め、空気を抜く

2 タイヤをつぶすようにして、完全に空気を抜くと、後の作業がラクだ

3 タイヤサイドの、バルブの反対側を指で押すと「パコ」という音がして、ハンプからビードが外れる

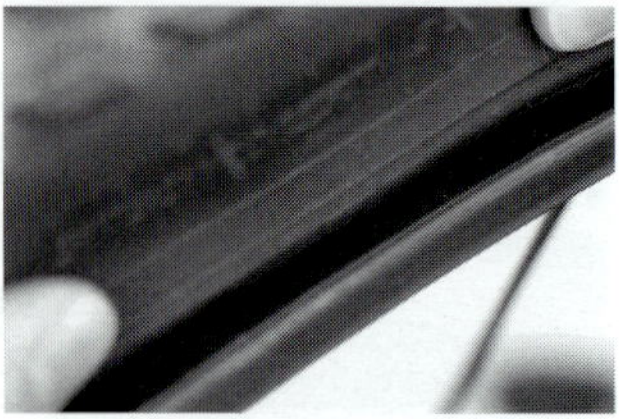

4 ビードの全周が、リムのハンプから中央の溝に落ちていることを確認する

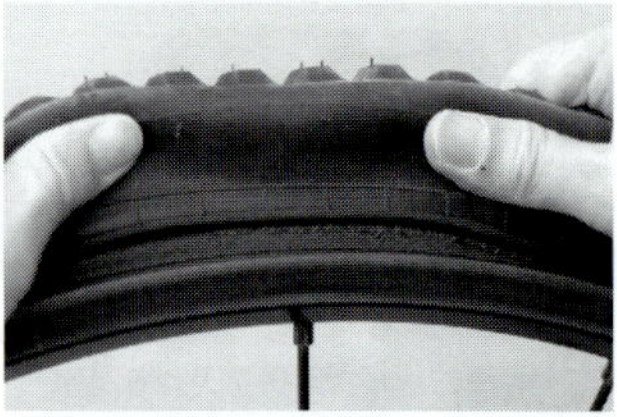

5 タイヤを外すときにタイヤレバーの使用は厳禁。タイヤをつまみあげるようにして、リムから押し出す

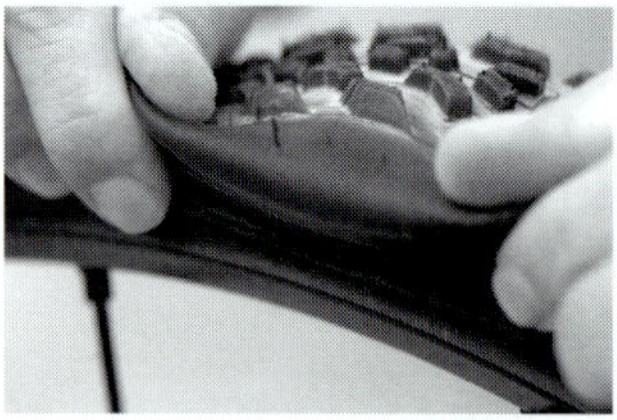

6 写真のようにタイヤをリムにかぶせるようにして、タイヤのビードを出す

7 反対側のビードも同様にしてハンプから外して、リムの中央の溝に落としていく

8 写真⑤⑥の方法で、片側のビードを外すと、リムからタイヤが外れる

トレイルでチューブレスタイヤがパンク

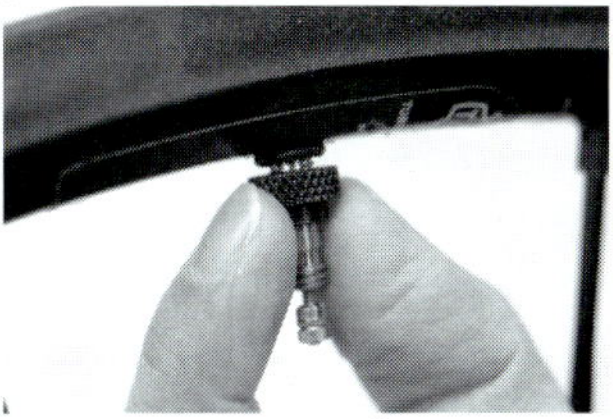

現場ではタイヤのパンク修理をするより、チューブに交換した方が簡単で確実。まず、バルブの根元のナットを外す

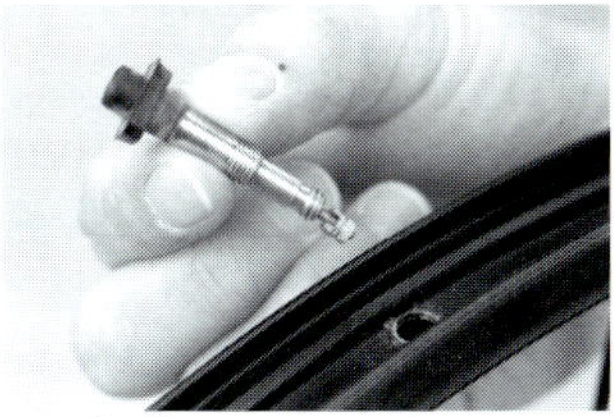

バルブが抜けると、チューブドのリムと同様に使える。スペアチューブを入れればタイヤも復活する

チューブレスタイヤのパンク修理

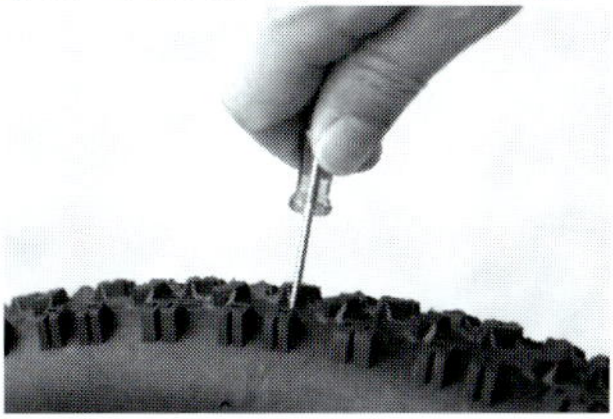

1 タイヤをリムにはめたまま空気を入れて石鹸水などをかけて、穴を探す。専用キット（21ページ参照）のニードルで、タイヤの穴に1〜2回抜き差しする

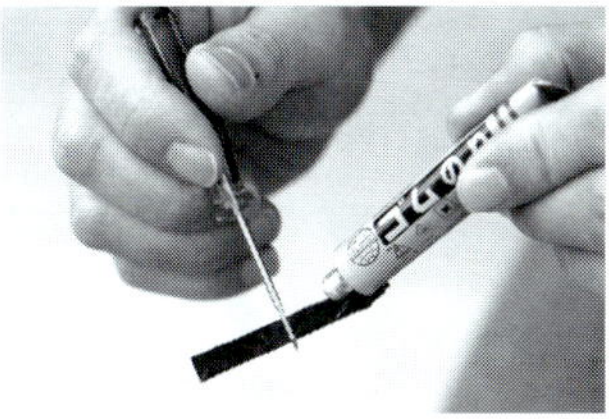

2 修理キットのゴムピースを3mmほどにカットして、ニードルの先端に入れ、ゴムのりを塗って半乾きにする

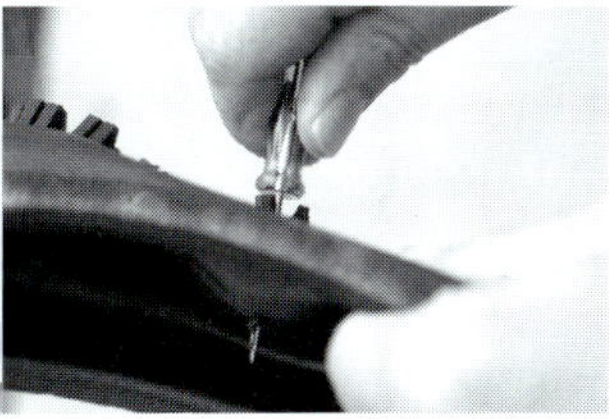

3 ゴムピースをつけたニードルを、ゆっくりとタイヤに差し込んでいく

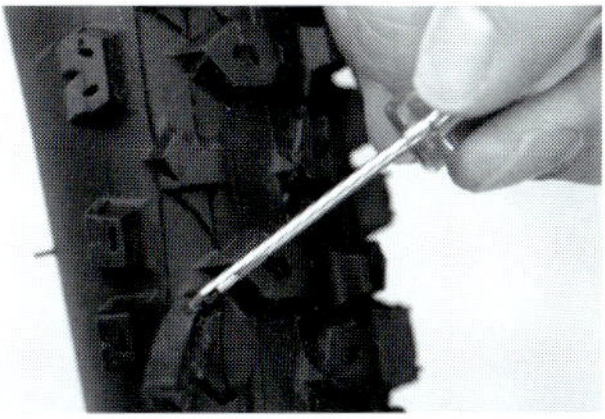

4 しばらくしたら、タイヤにゴムピースが残るように、ゆっくりとニードルを引き戻す

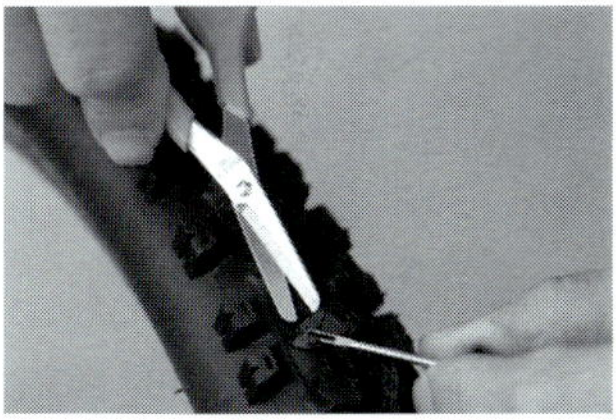

5 タイヤの表面から2mmほど残して、ゴムピースをカットする。乾いたら空気を入れて、完全にふさがったか確認

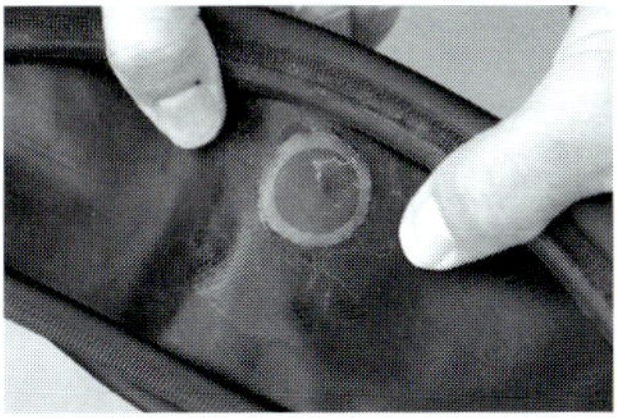

タイヤの内側からパッチを貼ることで修理できるものもある。方法はチューブのパンク修理と同じ（48ページ参照）

ロードバイクでパンクした

ロードバイクにはクリンチャー(WO)とチューブラーの
2タイプのタイヤがある。WOの基本構造はMTB用と同じ。
チューブラーはチューブを筒状にタイヤで覆い
接着剤でリムに貼りつけている。

クリンチャータイヤのチューブ交換

扱い方の基本はMTBのタイヤと同じだが、クリンチャーの方がはめ外しに力を要する。コツは写真のように、バルブを上にしてタイヤのバルブの両側部分を下方に押し込んでいく。こうしてタイヤのたるみを出しながらはめていく

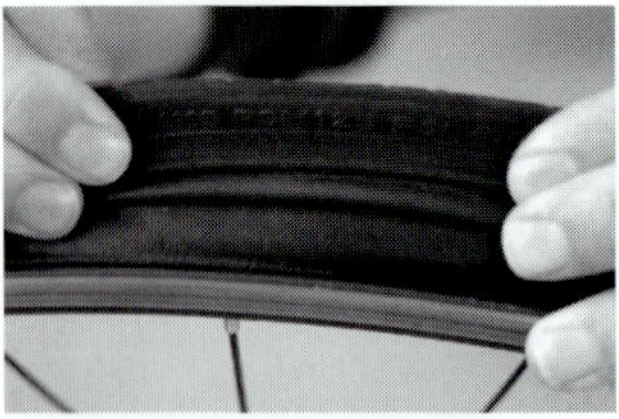

チューブがタイヤとリムの間に噛み込みやすい。こうなったらタイヤをしごいて、チューブを完全に中に入れる

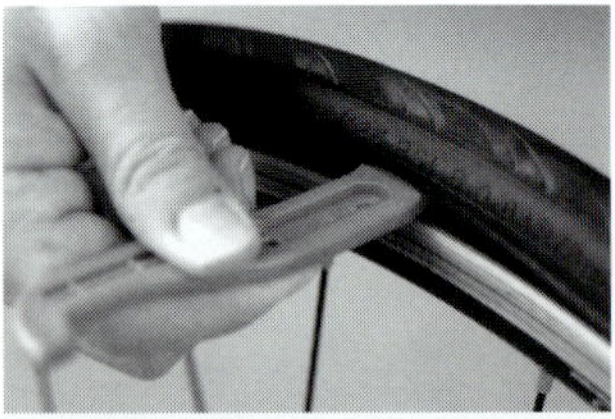

タイヤレバーを使うときには、中のチューブを傷めないように慎重に行なう

リムラインのチェックもしっかりやっておこう(46ページ参照)。左右のリムライン幅がずれていないかの確認だ

★WO=一般的なタイヤ。チューブとタイヤが別々になっている

チューブラータイヤの交換

1 バルブと対角線上の部分のタイヤをしっかり握って一気にリムからはがす

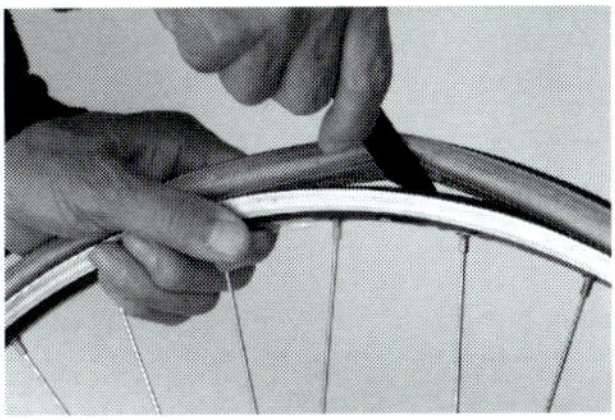

2 リムセメントがしっかりついているとタイヤをはがすときに力が必要。そんなときはタイヤレバーを使う

3 はがし取ったタイヤとリム。チューブラータイヤはこんな筒状の形をしている

4 タイヤをはめる前にリムセメントを塗る。リムからはみ出さないようにていねいに塗ること

5 リムセメントが半乾きになったらバルブをリムにはめ両腕でタイヤを下に伸ばすようにしてリムにはめていく

6 そのままホイールを抱えるようにして下までタイヤをはめていく

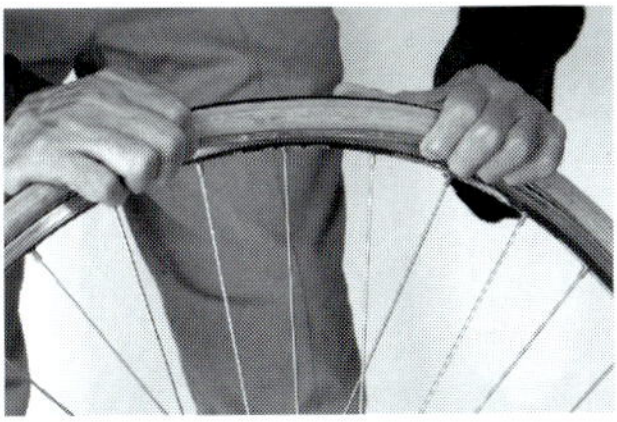

7 最後の部分はホイールを引っ繰り返してリムにはめ込む。新しいタイヤだととても力が必要な作業だ

8 リムラインを見てタイヤがしっかりはめられているか確認。これで完成

★リムセメント＝チューブラータイヤをリムにはめる際にリムに塗る接着剤

リムの一部がブレーキに擦っている よく見たらホイールがゆがんでいた

リムはハブから延びているスポークのテンションによってバランスを保っている。リムがゆがんでいるときは、リムとスポークをつなぐニップルを回すことで修正できる。

振れが気になったら、自転車をさかさまにして、ホイールを回してみよう

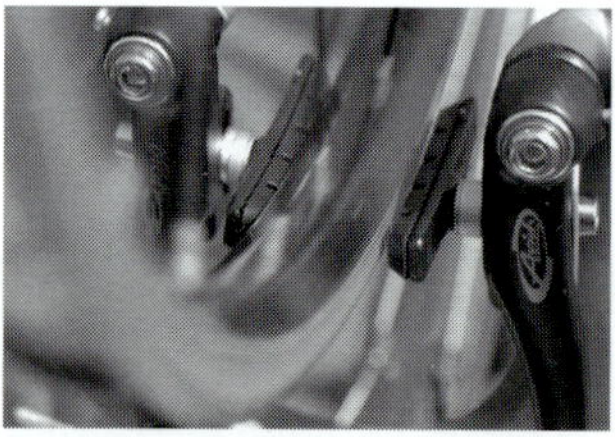

ホイールを回してみて、ブレーキシューとリムとのすき間を見る。これはリムの横ぶれをチェックする作業

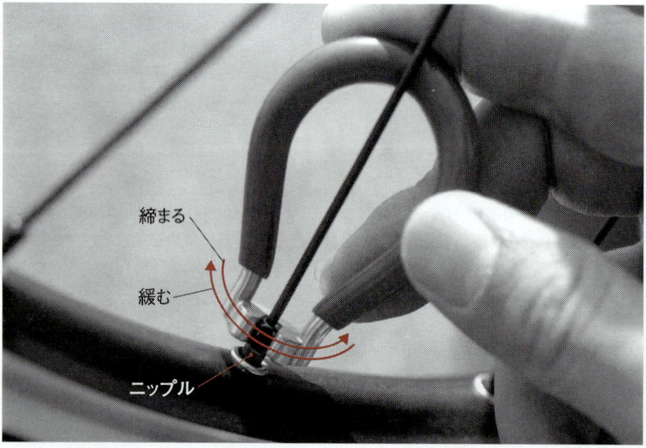

ニップルにはサイズがあるので、それに合ったニップル回しを使う。ホイールの真下にあるニップルを回すとき、上から見て反時計回りで締まる。時計回りで緩む。1度にニップル回しを回転させるのは、1/8〜1/4周ずつにとどめ、少しずつ振れがどうなっているかの様子を見ながら作業を進めるとよい

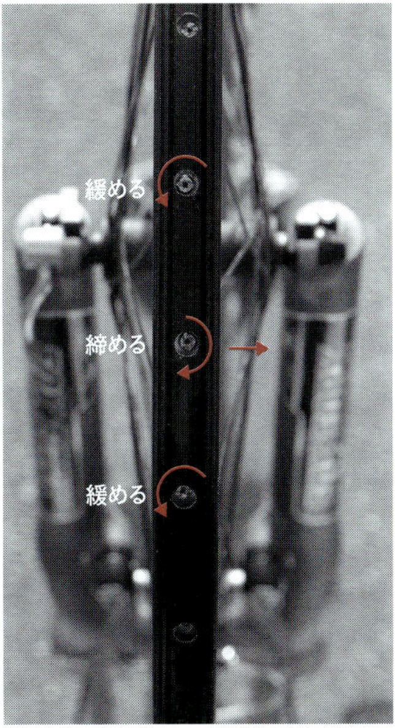

横振れ修正

横振れとは、自転車を正面から見て、リムが左右どちらかにゆがんでいる状態。リムの写真に写っている部分が左側にゆがんでいるとしよう。これを右に修正する場合ハブの右側から来ているスポークのニップル(中)を締め、その両側のハブの左側から来ているスポークのニップル(上・下)を緩める。逆方向にゆがんでいる場合は、これと逆の作業をすればよい

ニップルを回したら、スポークを握ってへんな張りがないかチェックしながら全体をなじませる。このときに、スポークのテンションが均等か、スポークが折れていないかどうかもチェックしよう

縦振れ修正

縦振れとは、真横から見てホイールが真円ではない状態。ブレーキシューの位置と比べて、極端に上下に出っ張ったところがないか、チェックすると分かりやすい。縦振れがあるときは、上に出っ張っている箇所のニップルを1/4周ずつ締めて、様子をみていく。へこんでいる場合は、その逆の作業。縦振れの修正が、横振れの原因となることもあるので、慎重に焦らずに行なう

ホイールのサイズがいろいろとあるわけは？

26インチや27インチ、あるいは小径車の18インチ、20インチなど、自転車にはいろいろなサイズのホイールがある。

ＭＴＢは26インチ、ロードバイクは27インチが標準だ。ホイール径は小さい方がホイールの重量が軽くなり、踏み出しや上り坂が多いときに有利となるし、取り回しがよいというメリットがある。

逆にホイールが大きいと、踏み出しは重くなるものの、スピードに乗ってしまえば慣性が働き、スピードを維持することが容易だ。長距離の高速走行を前提にしたロードバイクは、そのために27インチを標準装備している。

それではなぜ、小径車といわれる自転車は18インチなどという極端に小さなホイールを採用しているのか？

小径車の得意とする使用フィールドは主に街中といってもよい。街中はストップ＆ゴーが多い。時速0kmからスタートする機会が多くなると、先に述べた理由（踏み出しが楽）から、より楽に、手軽に走れるということなのだ。

だからといってロードバイクでは街中はダメで、小径車で長距離を走れないというワケではない。あくまでもこれらは、ホイールの直径の違いによる傾向であって、それらをどう使うかは、乗り手次第なのだから。

いろいろな直径のホイール。手前から、18インチ、26インチ、27インチ

第3章
ブレーキ

ブレーキレバーに指をかけて走っていると手首が疲れる

MTBはブレーキレバーに指をかけて走っている時間が長いから、レバーの幅や角度、遊びの量などが乗る人にうまく合っていないとすごく疲れる。ちょっとの調整でびっくりするほど快適になる。

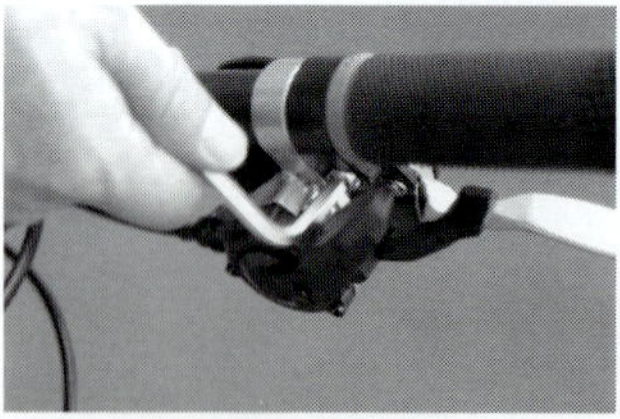

レバーの裏側のボルトを緩めると、幅や角度を調整できる。内側にずらすならシフトレバー位置も変える

レバーの角度調整

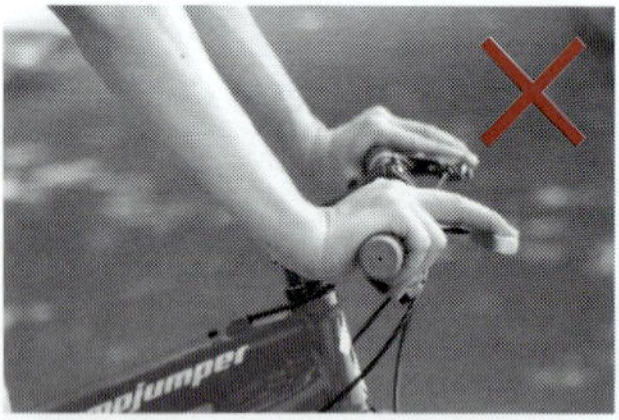

手首が痛くなったらレバー角度をチェック。ハンドルとレバーが水平だと手首が下がり体重が集中するのでNG

ブレーキレバーの角度は、腕の延長線上が正しい。こうすれば手首やヒジの間接を柔らかく使える

レバーの握り方

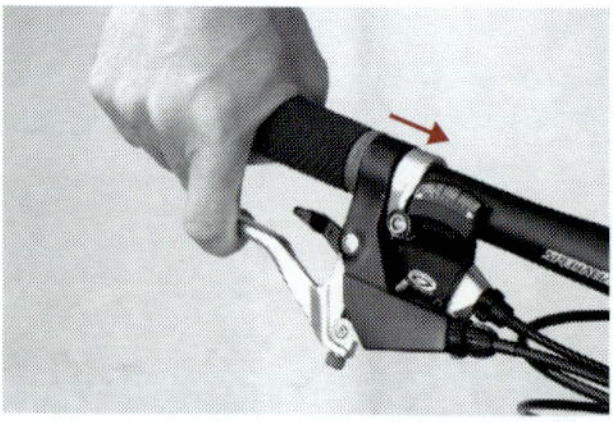

レバーを握る指によって、レバー自体の左右位置を変えてもよい。人差し指だけならレバーは内側にずらそう

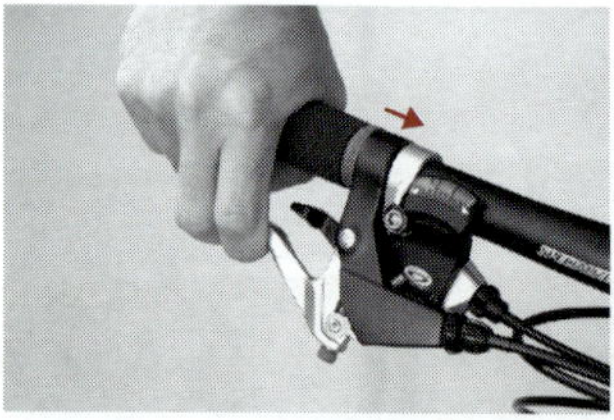

人差し指、中指で握るなら、レバーは少し内側にずらす

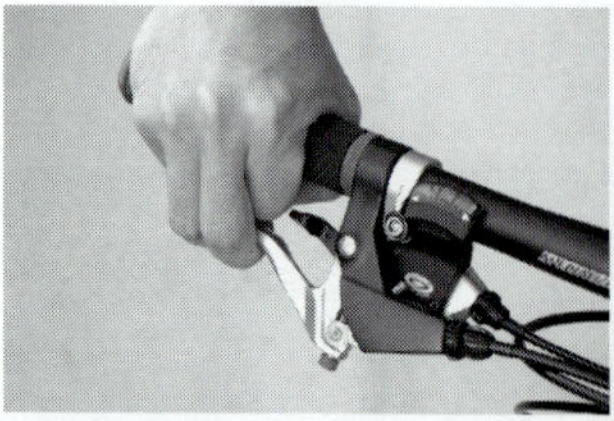

中指、薬指で握るなら、レバーはグリップにつくくらい外側でよい

★シフトレバー＝変速するためにハンドルについているレバー

レバーの左右位置の調整

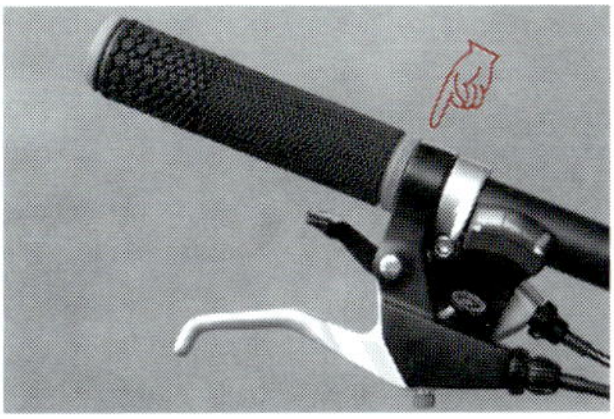

購入時はグリップとブレーキレバーのブラケット部分が、ぴったりくっついていることが多い

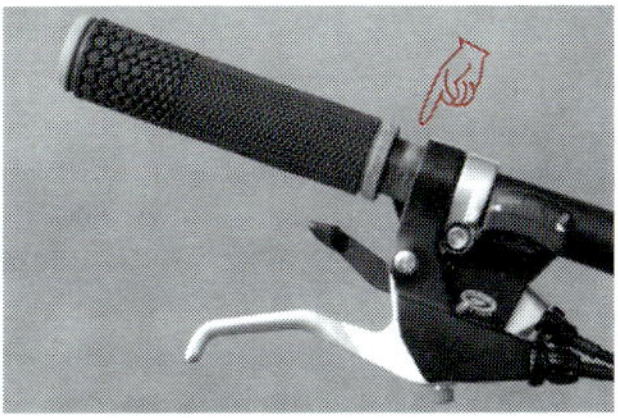

人差し指を中心にかけるなら、レバーを内側に。テコの原理で、この方が軽くレバーを引ける

レバーの遊びの違い

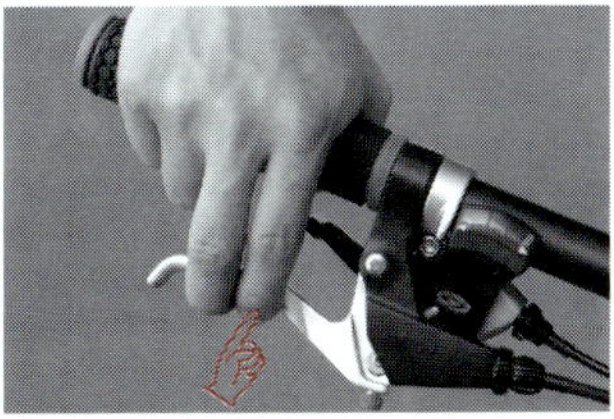

ブレーキレバーを握ってみて、どのあたりからブレーキが効き始めるかを「遊び」という

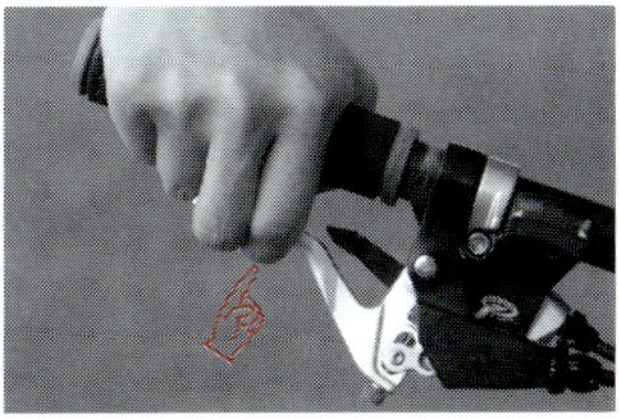

乗り慣れた人ほど、遊びは多くなる(緩い)傾向がある。調整の方法は62ページを参照

ストローク調整

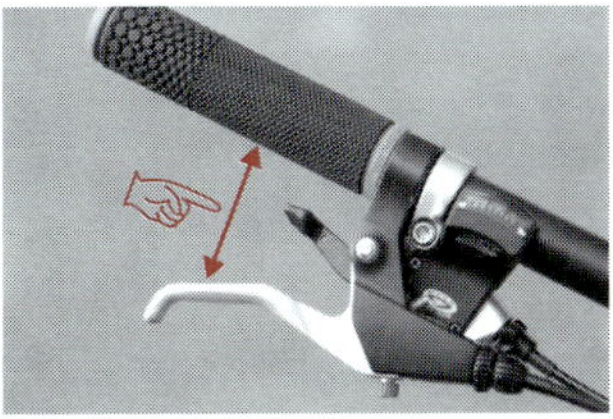

レバーに触れていない状態で、グリップとレバーとの距離をストロークという

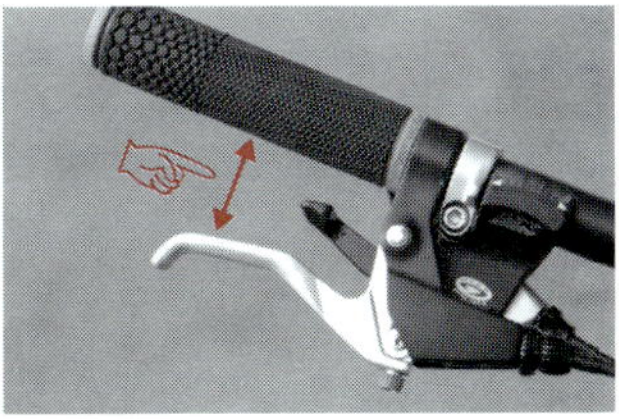

手が小さく、ブレーキレバーに手が届きにくい場合は、ストロークを小さくすることもできる

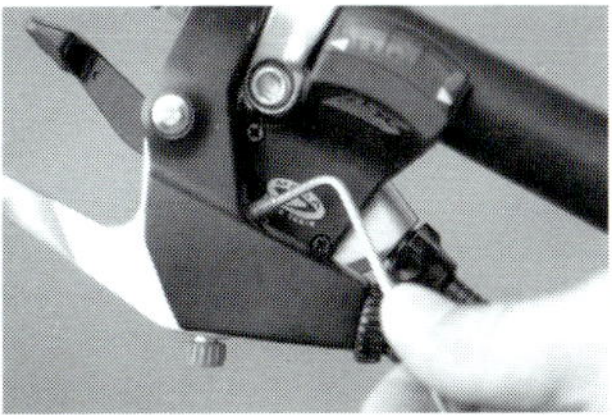

レバーの支点近くにあるボルトを回すことで、ストロークの調整ができる

ブレーキの効きが悪い

ブレーキの効きが悪い場合はワイヤーを張る。またレバーを握っていて、腕や手首が疲れやすいときは、遊びの量が少なすぎるケースも多い。そんなときにはワイヤーの張りを見直そう。

アジャスター調整

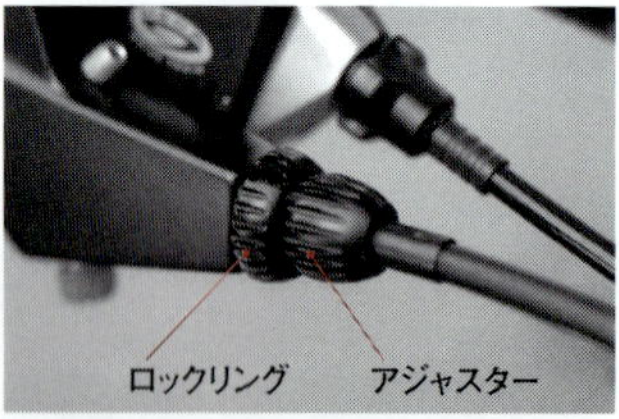

ブレーキレバーについているアジャスターを使えば、ワイヤーの張り具合を工具なしで簡単に調整できる

アジャスターは微調整程度で使う。リングが外れるほどアジャスターの範囲を超えるようならワイヤーで調節する

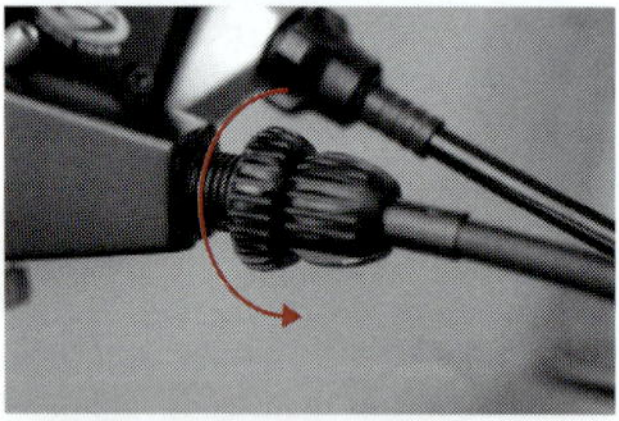

1 アジャスターでワイヤーを張る。アジャスターとロックリングを回していくと、遊びは少なくなる

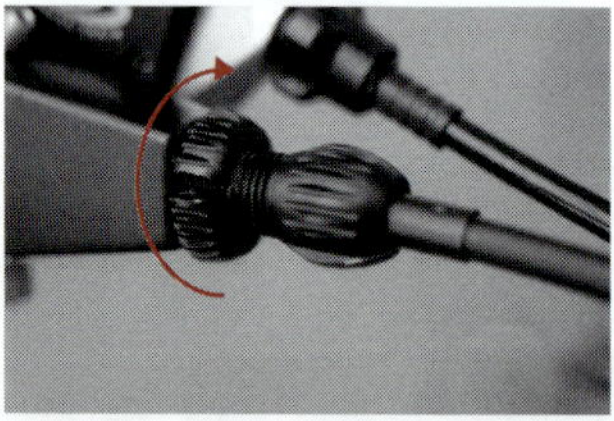

2 レバーの遊びが好みの状態になったら、ロックリングをレバーの根元まで戻すことでできあがり

ワイヤー調整

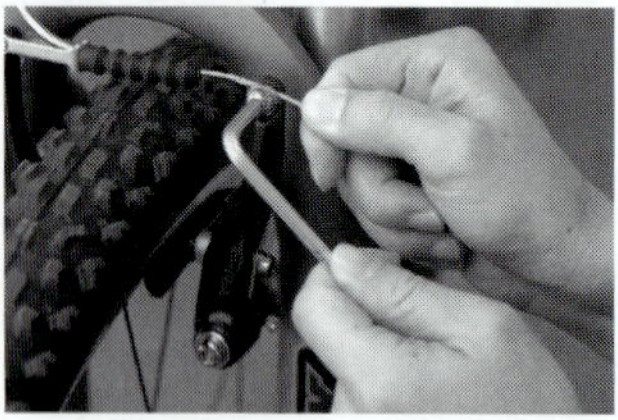

ブレーキ本体のワイヤーを固定しているボルトを5mmのアーレンキーで緩めて、ワイヤーを張り直す

ここに注意！

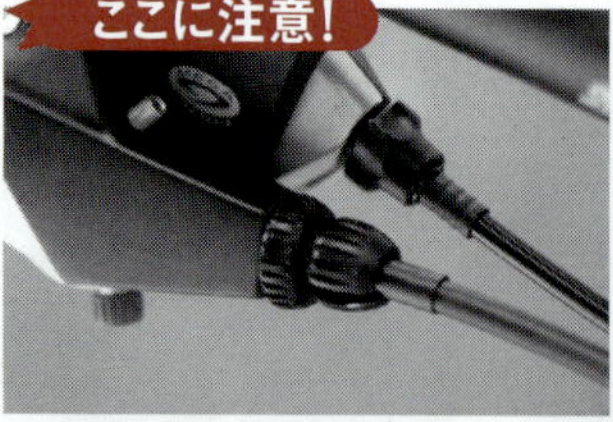

左の作業をするときは、アジャスターを根元まで戻しておくこと

ストッピングパワーの調整

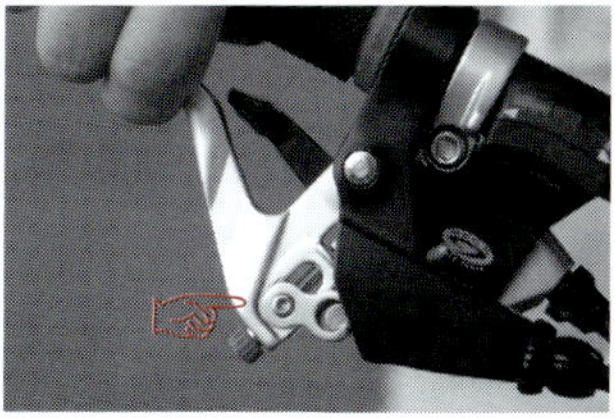

ブレーキレバーのワイヤーがかかるところを移動させると、ストッピングパワーを調整できる。この状態は最大

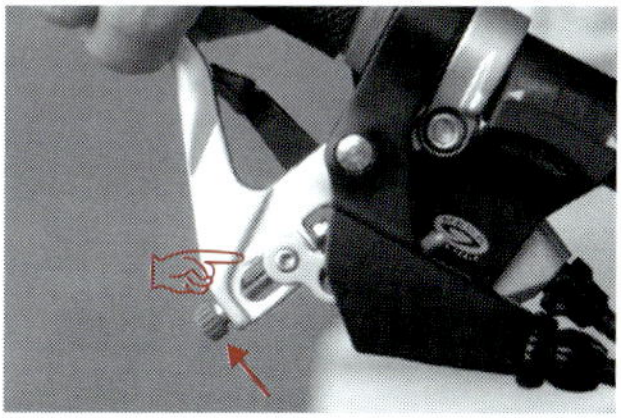

この状態はストッピングパワーが最小の状態。矢印のボルトを回すことで、その調整ができる

ロードバイクの場合

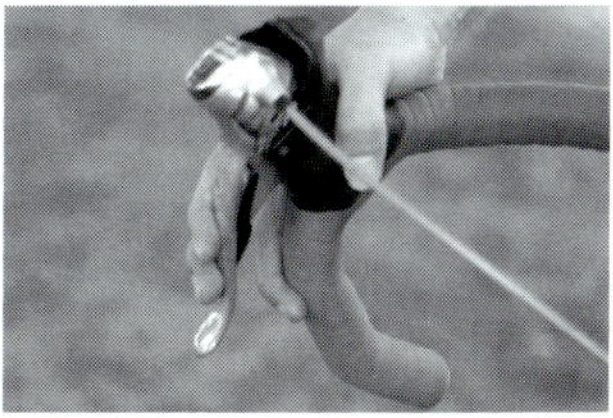

ロードバイクはドロップハンドルが標準。このブレーキレバーの遊びも好みで調整できる

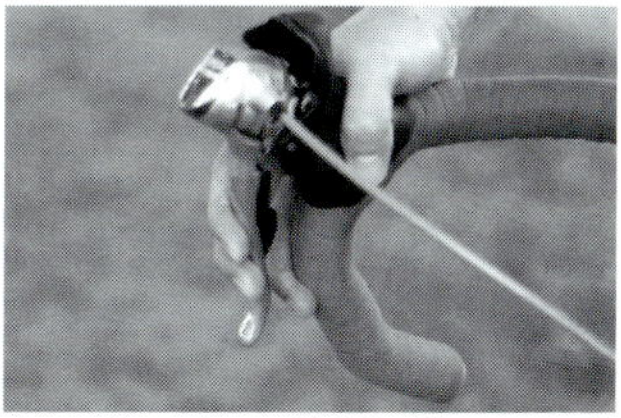

ドロップハンドルの場合も、慣れている人ほど遊びが多い傾向がある

サイドプルブレーキでは、ブレーキ本体の横に回転式のアジャストレバーがついているモデルも多い

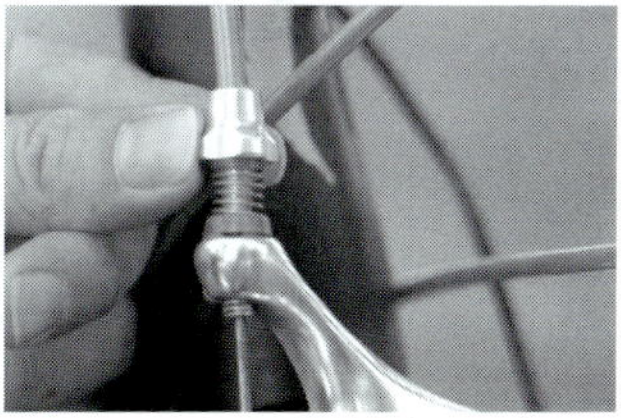

ワイヤーテンションを調整するアジャスター。ブレーキ本体の上部についている

簡単なチェック方法

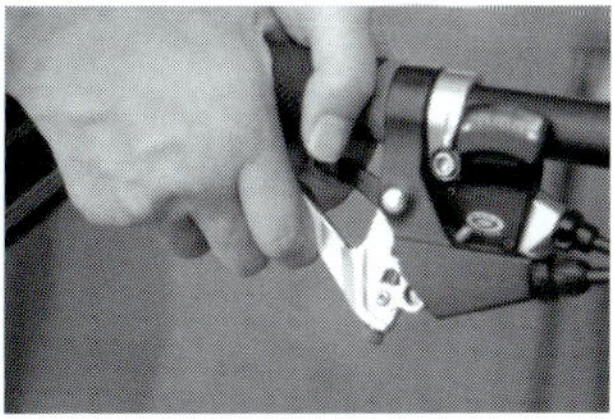

どちらか片方のブレーキレバーを、両手を使って力いっぱい握ってみる。ワイヤーの固定が十分でないと、このときに外れる。新しいワイヤーの「初期伸び」を出す意味でも有効な方法だ

★**初期伸び**＝新しいワイヤーは最初どうしても伸びが出る。これが初期伸び

ブレーキレバーの動きが重い

洗車したり、雨の中を走ると、
ブレーキのアウターケーブルの中に水が入り込む。
そうでなくとも油分はホコリを吸い寄せ、それがブレーキの抵抗となる。
リフレッシュして軽いタッチを取り戻そう。

ワイヤーを外す

1 ブレーキレバーとアジャストボルト、ロックリングにはそれぞれ溝が入っている。3点の溝を一直線に揃える

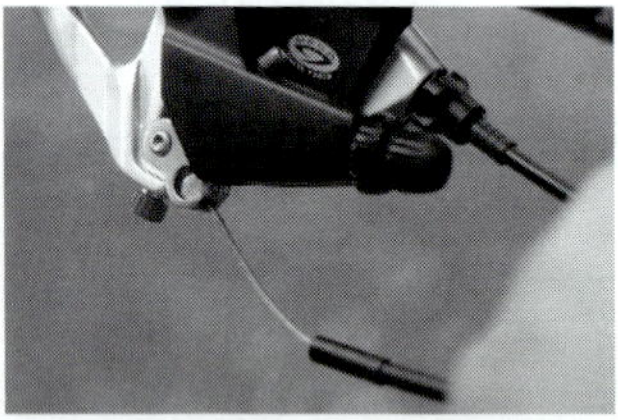

2 溝からブレーキワイヤーが外れる

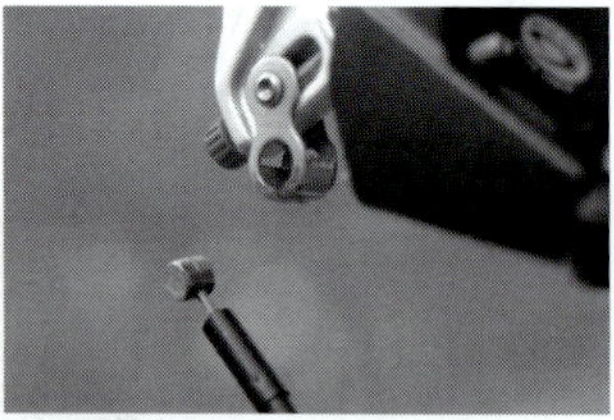

3 ブレーキレバーの根元にあるフックにワイヤーが引っかけられている。フックからワイヤー末端部分を外す

4 フレームのアウター受けからワイヤーを外す

ワイヤーへの注油

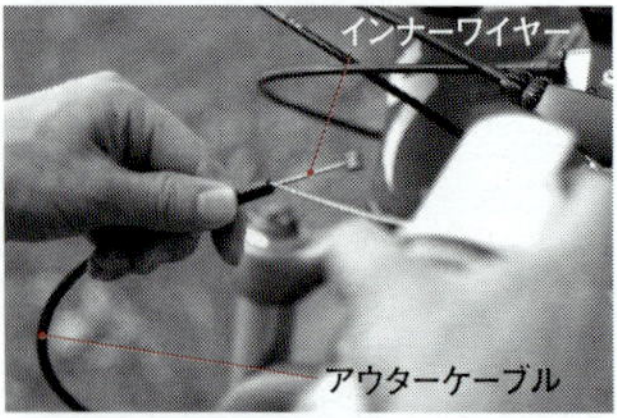

1 アウターケーブルをずらすと、汚れたインナーワイヤーが出てくる。布で拭いてから、そこにオイルを吹きつける

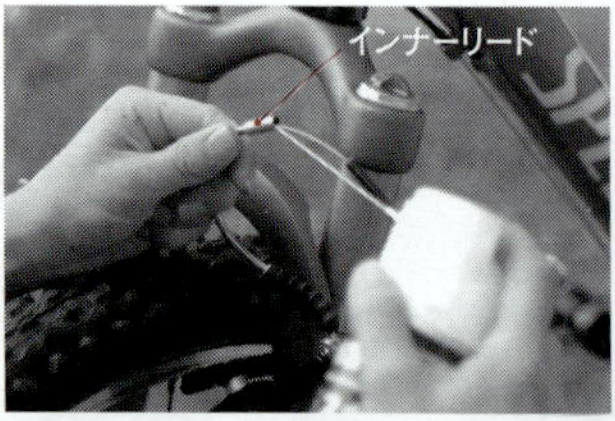

2 ブレーキのインナーリードなどにも注油すると、その中での摩擦が少なくなり、ブレーキタッチは軽くなる

★インナーリード＝Vブレーキにかけてインナーワイヤーを通すU字型のアルミパイプ

レバーへの注油

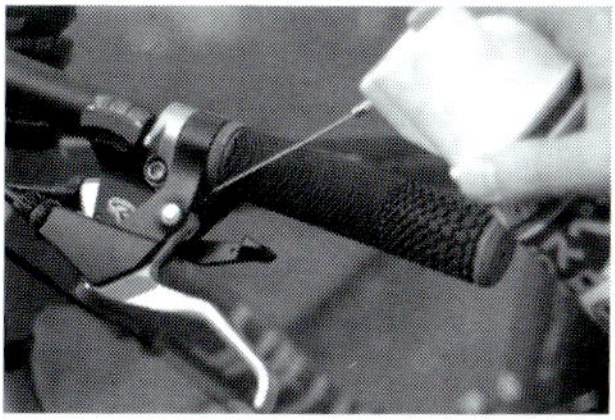

ブレーキレバーの支点など、金属がこすれるところにも注油する

ブレーキ本体へのグリスアップ

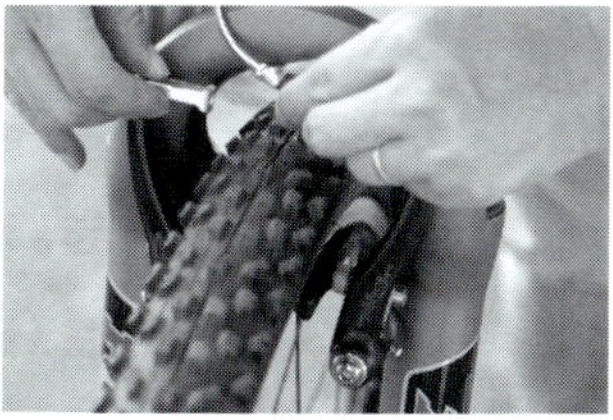

1 ブレーキ本体が装着されている部分にグリスを塗ることも効果的。まずはブレーキワイヤーを外す

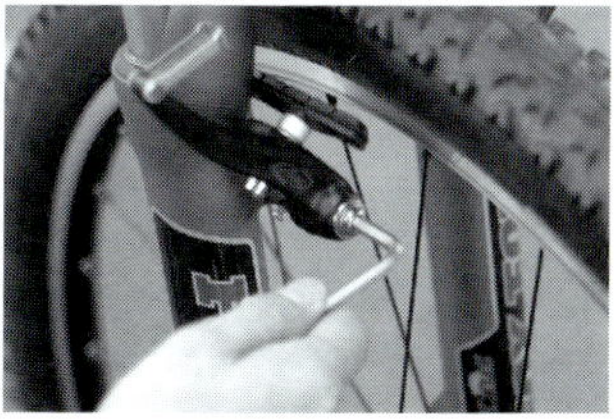

2 5mmアーレンキーを使って、ブレーキ本体を固定するボルトを外す

3 ボルトを外すと、ブレーキ本体が台座から抜ける

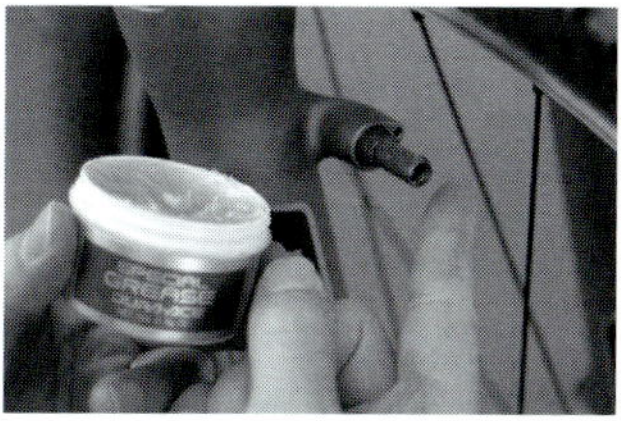

4 台座についた古いグリスが摩擦を起こして、動きを悪くしている。これを拭き取り、新しいグリスを塗る

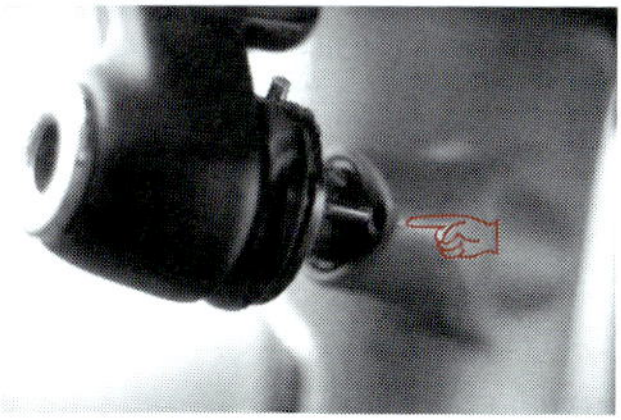

5 ブレーキ本体を取付けるときには、ブレーキ本体のバネを台座の穴に入れる

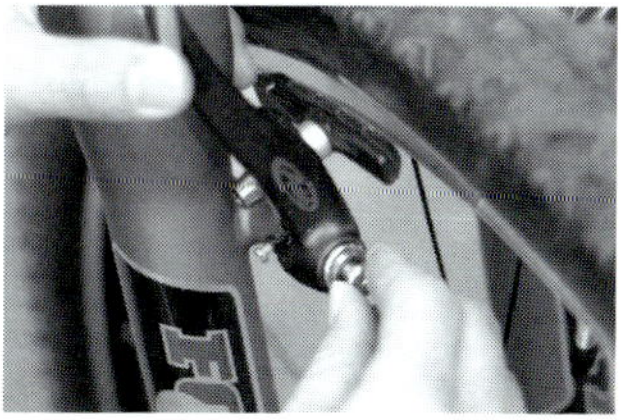

6 最後にボルトを締めてできあがり。ワイヤーを張ってレバーを握ると、軽くなっていることを体感するだろう

ブレーキワイヤーが傷んでしまった

ワイヤーは切れるまで使えると思っている人が多いが、実はとんでもない。使っていると、油分がホコリを吸い寄せ、それが摩擦抵抗となってレバーの引きは重くなる。ワイヤー交換で気分一新だ。

ワイヤーの交換の目安

ホコリや、洗車をしたときの水分などで、アウターケーブルの中はベトベト。これではワイヤーの動きも鈍くなる

折れ曲がったアウターケーブル。この部分だけでも摩擦抵抗は大きくなり、ワイヤーの引きは重い

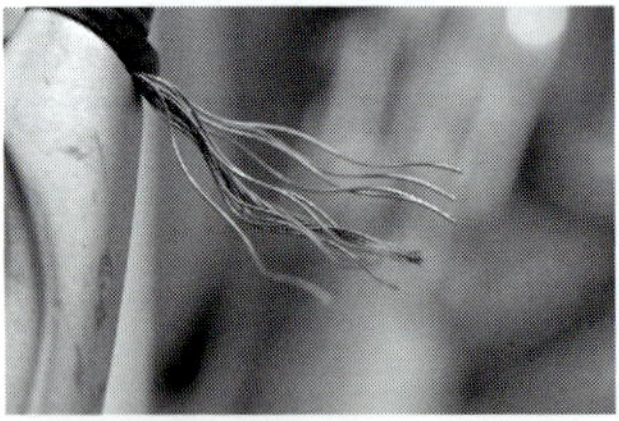

ブレーキワイヤーの末端部分のほつれ。後ろブレーキの場合は、これが足に刺さることもあり、とても痛い

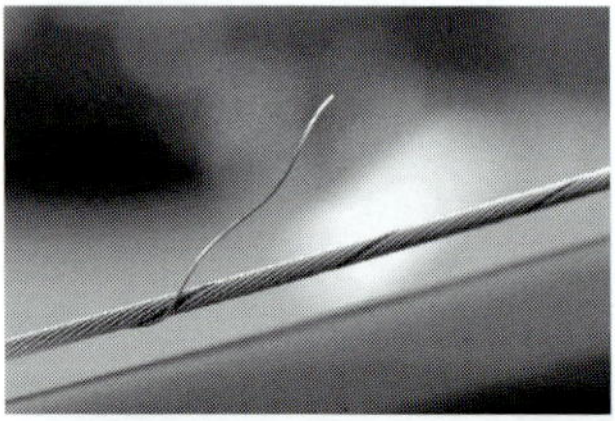

途中からほつれたワイヤー。これが原因でワイヤーが切れることはまずないが、このワイヤーが刺さると痛い

ワイヤー交換の方法

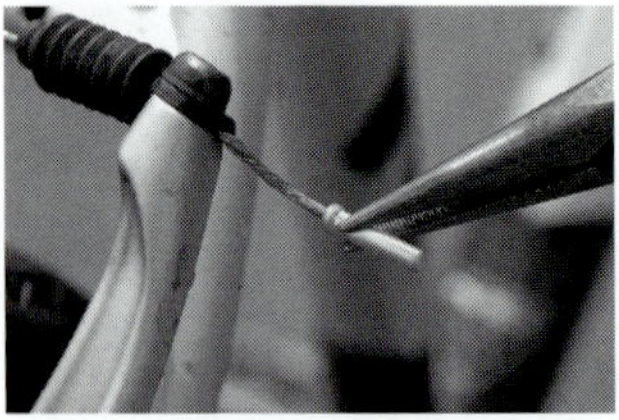

1 ブレーキワイヤーの末端のキャップをペンチで引っ張り、外す

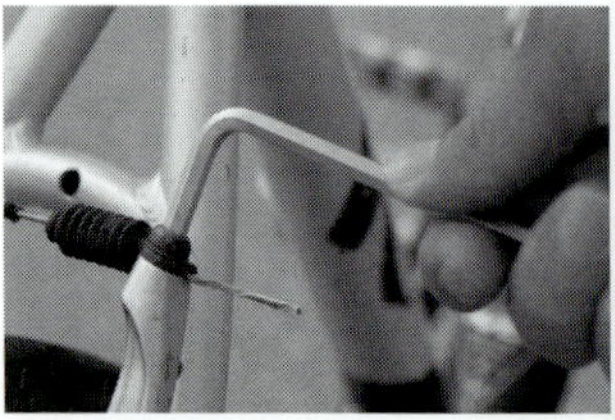

2 5mmアーレンキーでブレーキ本体のボルトを緩めて、ワイヤーを外す

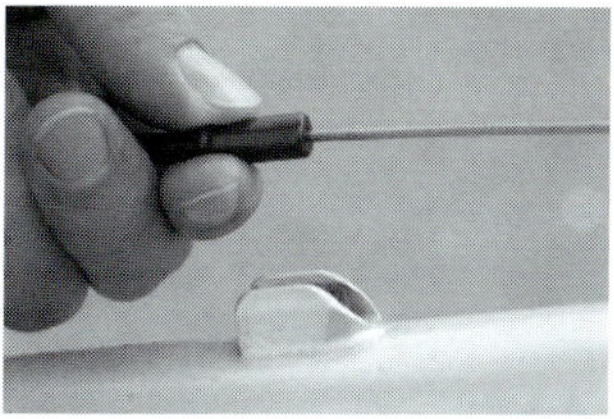

3 フレームからワイヤーを外す。交換は外側のアウターケーブルと内側のインナーワイヤーを同時にする

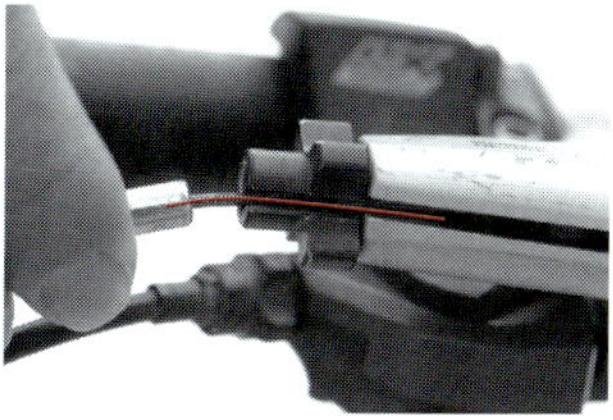

4 アジャスターとブレーキレバーの溝を揃えて、レバーからワイヤーを取り出す

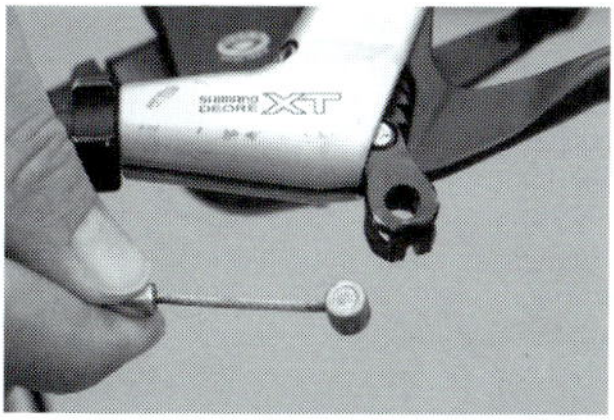

5 レバーにワイヤーを引っかけているフックから、ワイヤーを外す

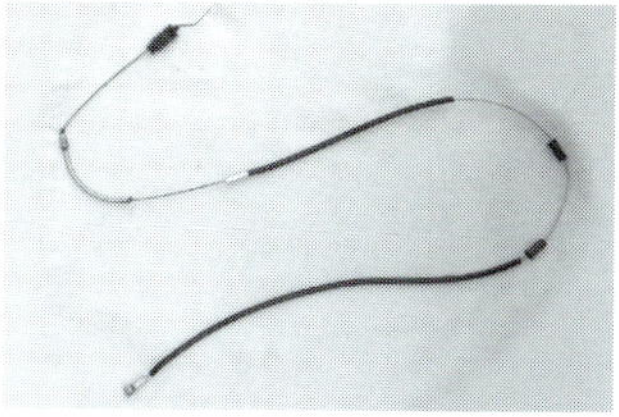

6 外したワイヤーがどんな状態だったかは、新しいワイヤーをセットするときに参考にしよう

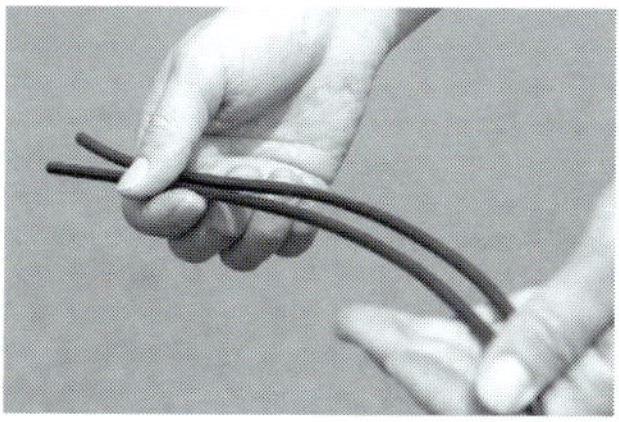

7 外したワイヤーを参考にして、アウターケーブルをカットする位置を決める

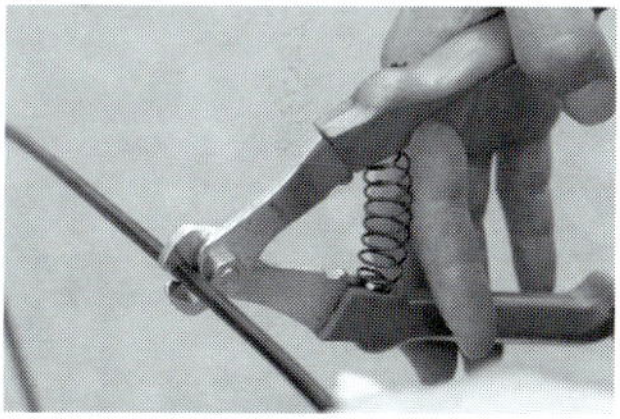

8 ワイヤーカッターを使って、アウターケーブルをカットする

アウターの長さに注意する

アウターケーブルは長すぎると抵抗を増すし、短いとハンドルを切ったときにワイヤーが引っ張られることになる。長さを決めるときには、それまでのワイヤーの長さを基本に決めるとよいが、ステムの長さを変えたり、ブレーキレバーの取付け幅を変えたときには、ワイヤーが長かったり、短かったりする。ハンドルを90度曲げてみて、ワイヤーが突っ張らない長さを探してみよう

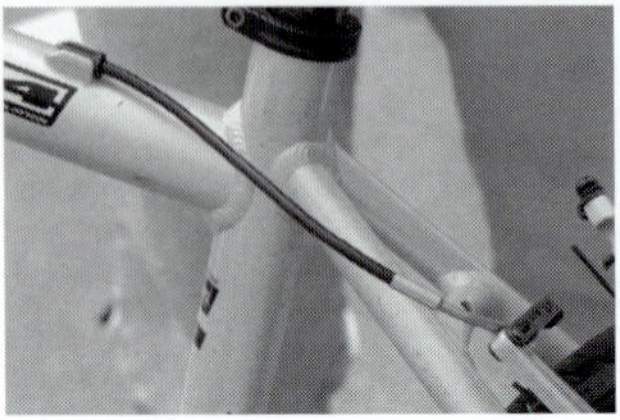

9 カットしたアウターケーブルの長さが適正かどうか、フレームに取付けて確認する

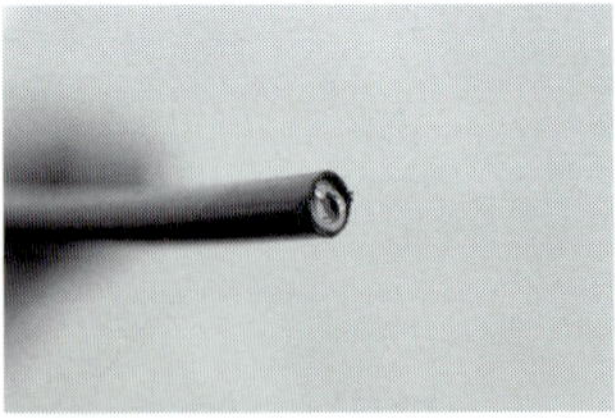

10 ワイヤーカッターでカットしたアウターケーブルの断面はこのようにつぶれている

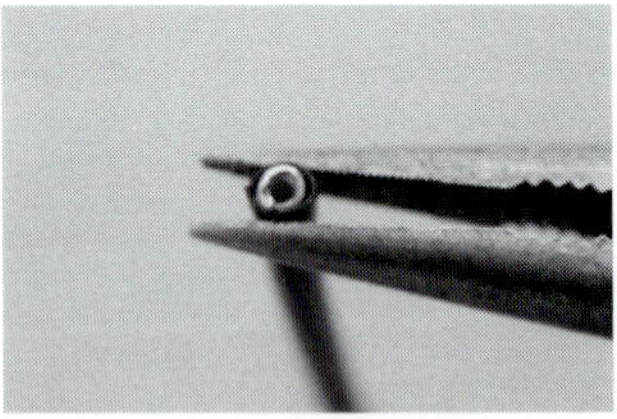

11 ラジオペンチでアウターケーブルのつぶれを整える

12 ニードルを使って、アウターケーブルの内側からも形を整える

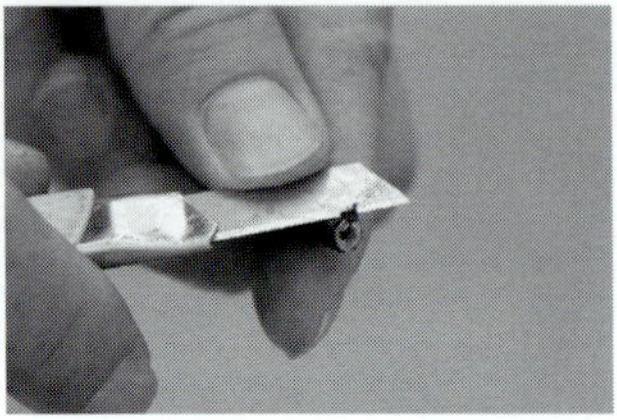

13 カッターナイフで、アウターケーブルの切り口にある余分なカスを切り落としきれいにする

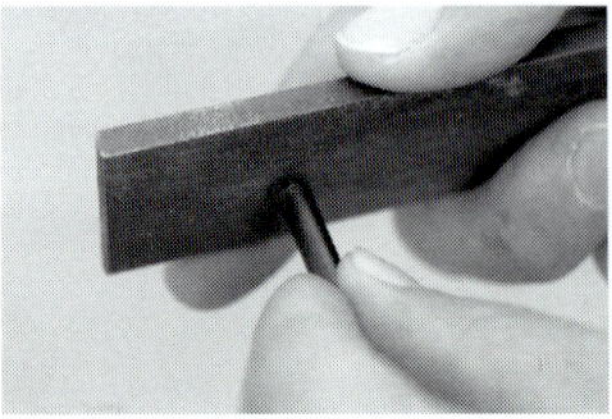

14 ヤスリを使ってカットした断面を整える。こうした処理がワイヤーの抵抗をなくすことになる

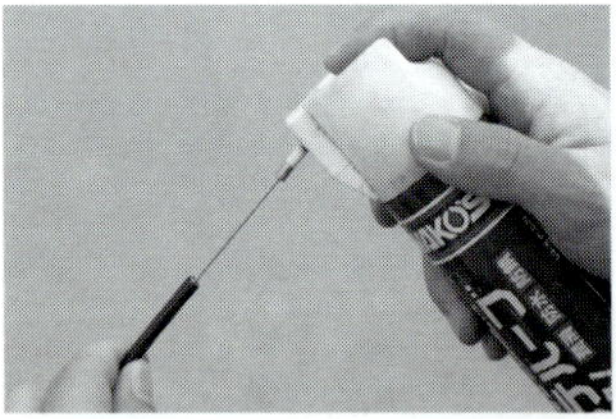

15 インナーワイヤーの滑りをよくするために、アウターケーブルの内部にオイルを吹きつける

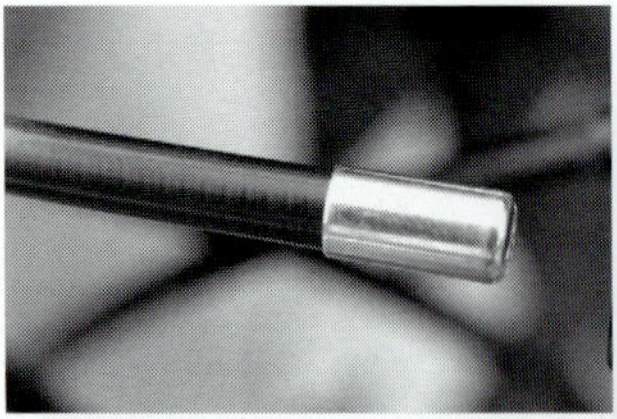

16 アウターケーブルにカップを取付ける

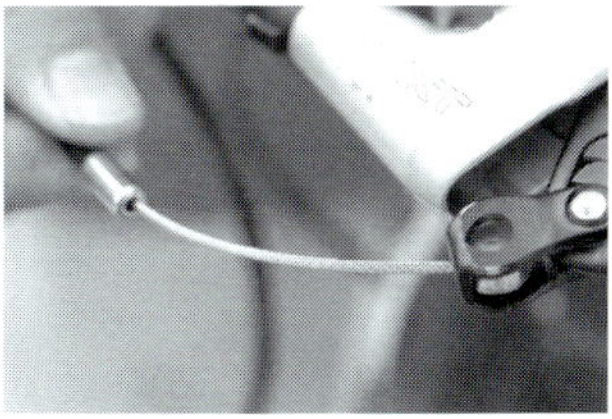

17 ブレーキレバーにワイヤーをセットし、アウターケーブルにインナーワイヤーを挿入していく

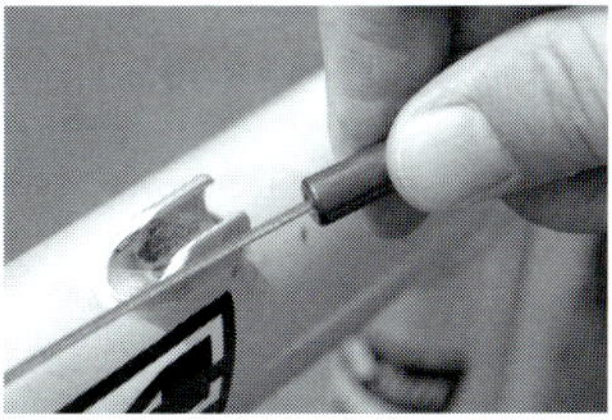

18 フレームにワイヤーをセットしていく

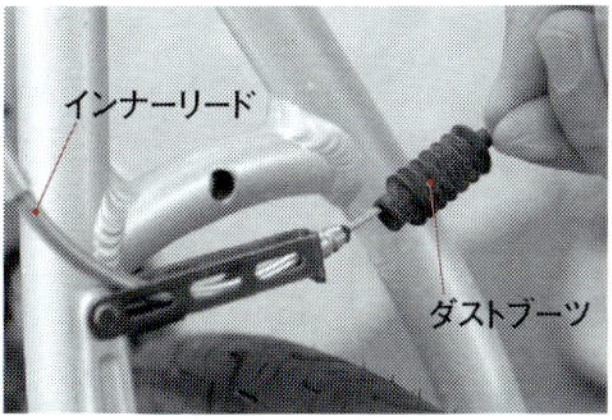

19 インナーリード、ダストブーツにワイヤーを通し、ブレーキ本体にセットする

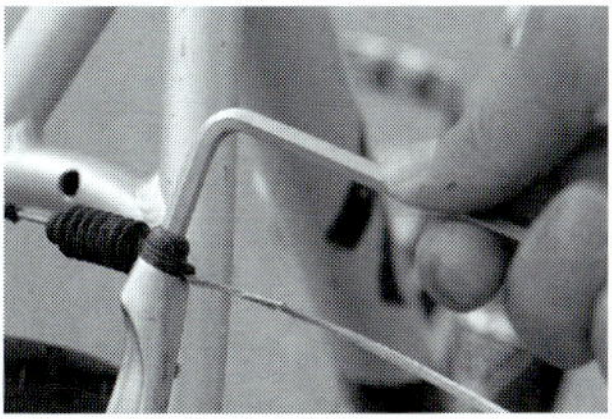

20 ブレーキ本体にワイヤーを固定する。このときは、ブレーキレバーの遊びの量を多めにしておく

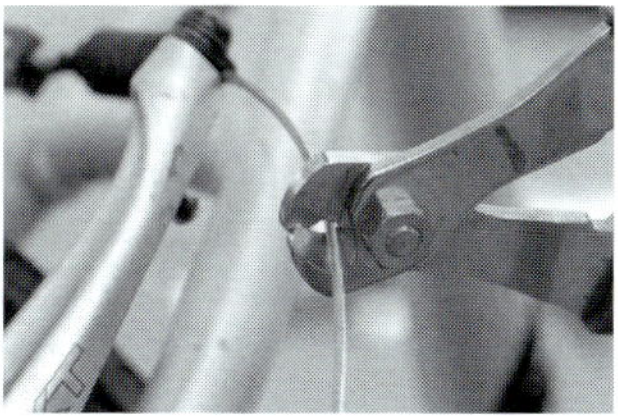

21 ブレーキ本体からワイヤーを5cmほど出してカットする

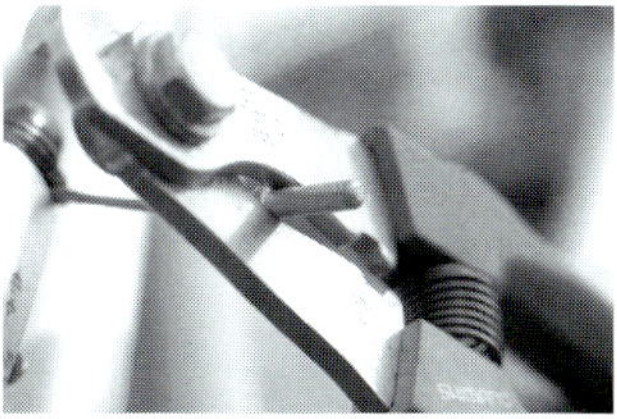

22 ワイヤーの切り口にエンドキャップをはめ、ワイヤーカッターなどでつぶすようにして固定する

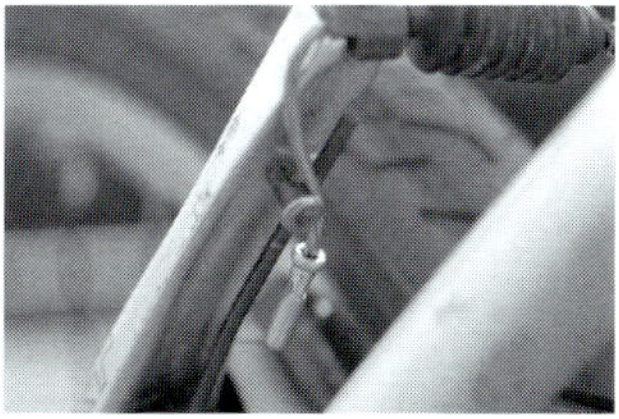

23 余ったワイヤーは、このようにブレーキ本体へ引っかけておく

24 レバーを両手で握ってワイヤーの初期伸びを出し、ワイヤーの張りをもう一度調節する

ブレーキから擦る音がする ブレーキの片効きをチェック

ブレーキから擦る音がいつもして、もう一方のブレーキシューがリムに触れていないとなると、ブレーキの片効きの可能性が大。ブレーキシューの左右のバランスが崩れた状態になっているのだ。

片効きの調整

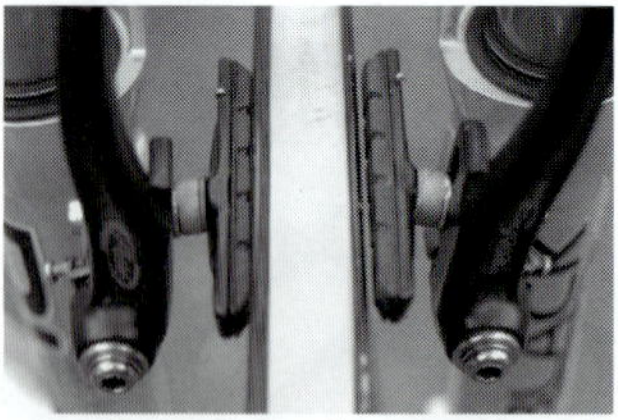

これが片効き状態。ブレーキに触れる前に、フレームにホイールが正しく入っているかどうかをチェックする

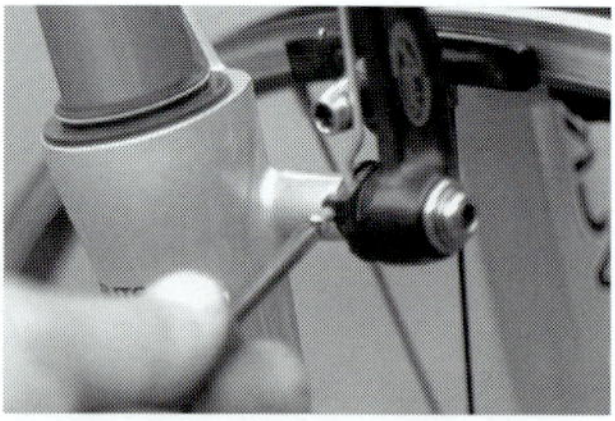

アーレンキーやプラスドライバーなどでブレーキ本体の横のボルトを回し、リムとブレーキシューの間隔を調整する

ブレーキをかけるとキーッと鳴く場合

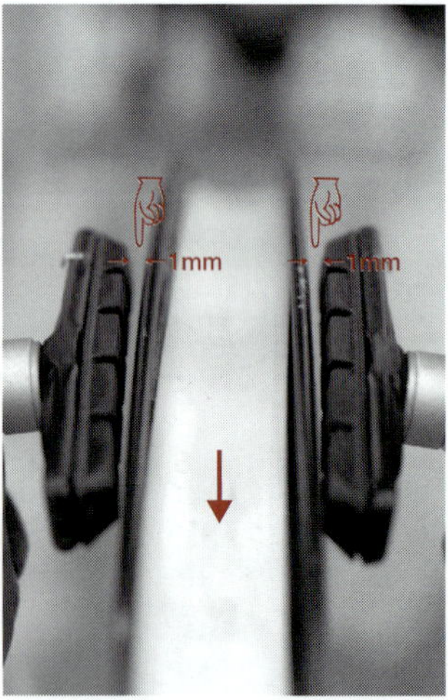

ブレーキシューとリムとの間隔を、後ろ側だけ約1mm広げてセットする。これが「トーイン」という状態

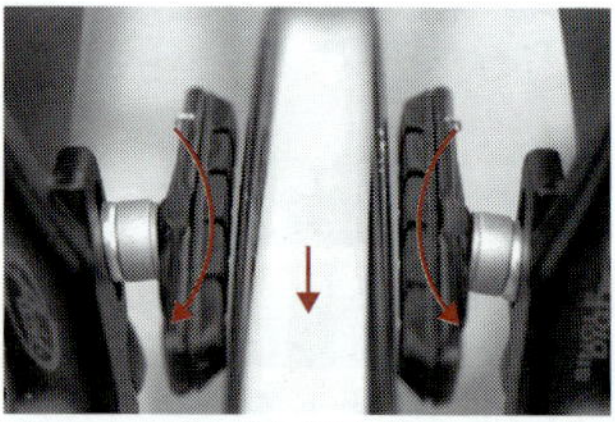

ブレーキング時は矢印方向にねじれている。トーインをつけるとシューが均等にリムを押すようになる

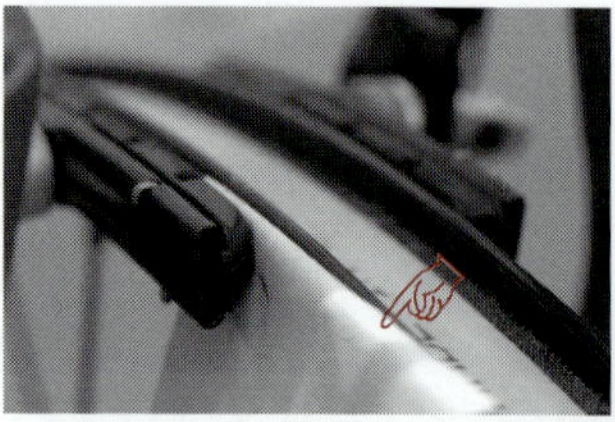

トーインをつけるにはブレーキシューの後ろ側に1mm厚の紙やコインなどを挟んで固定するとやりやすい

★片効き＝ブレーキシューが左右同時にリムに当たらず片側だけが接すること

ブレーキシューの正しいセッティング

ブレーキシューはリムにしっかりと当たっていることが大切。
リムから外れているとシューが偏磨耗してしまうし、ブレーキの効きも落ちる。
シューが減ったらワイヤーを張り直すことも必要。

リムへの当たり

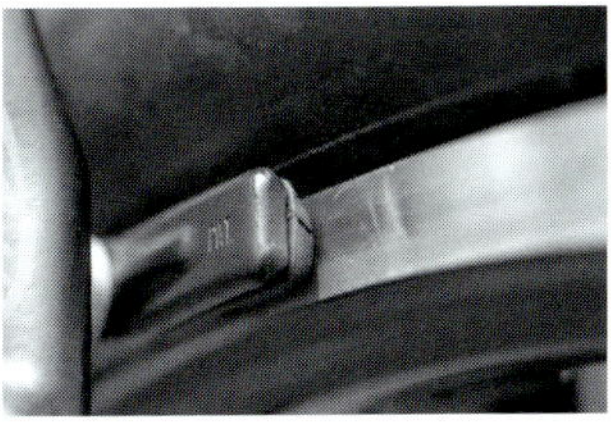

ブレーキシューの上端を、リムの上側から約1mm程度にセットする

ブレーキシューがリムの上にはみ出るとタイヤを削ってしまう。それが進行するとタイヤが破裂する

ブレーキシューのタイプ

スタンダードタイプ。構造上、シューが減ってくると、リムへの当たるポイントが下がってくるので微調整が必要

パラレルリンクタイプ。シューが減っても、リムへの当たりが変わらないようにするため、本体をパンタグラフ形状にしている

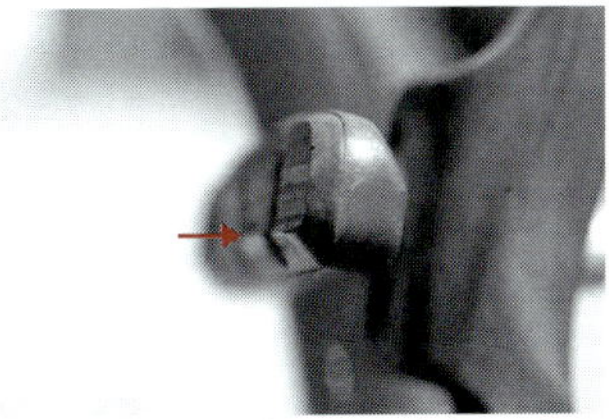

スタンダードタイプでシューが減ってくると矢印部分がリムに当たらず偏磨耗する

左のような状態になる前に、シューの位置を微調整する。5mmのアーレンキーでシューの取付けボルトを緩める

★**偏磨耗**＝均一に磨耗せず、シューの一部が極端に減っていたりすること

ブレーキシューが減ってきた リムがガリガリ音を立てる

雨や泥の中を走るとブレーキシューは極端に減る。
さらに使い続けてシューの金属部分が見えてくると、
リムがガリガリ音を立てて削れてしまう。マメにチェックしておこう。

ブレーキシューのチェックポイント

シューの溝が1mm以下になったら交換しよう。効きも悪くなるし、リムも傷がつく。この写真の程度なら大丈夫だ

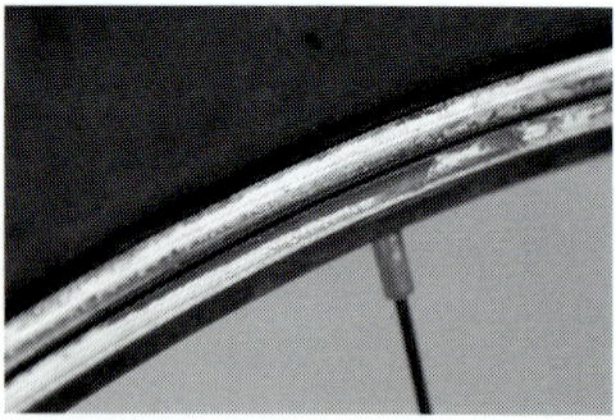
リムにこびりついた黒いものは、ブレーキシューのカスだ。雨や泥の中で走ると、シューはたちまち減る

シューに金属片などが刺さっていることはよくある。カッターナイフの先などで取り除いておく

ブレーキシューに金属片が刺さったままだとブレーキをかけたときに金属音がするし、リム自体も削れてしまう

ブレーキシューのタイプ

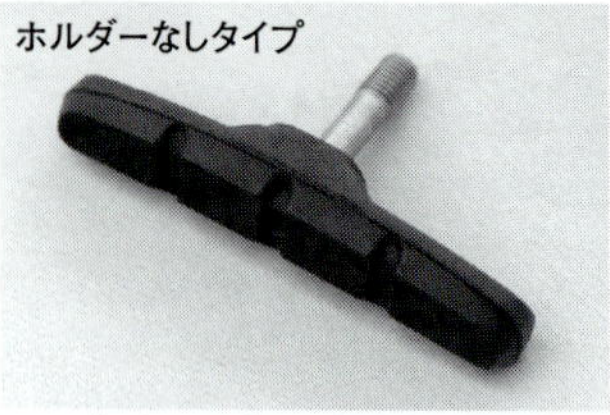

ホルダーなしのブレーキシュー。ゴム部分に直接金属の足がついている。交換のときはブレーキ本体のボルトを外す

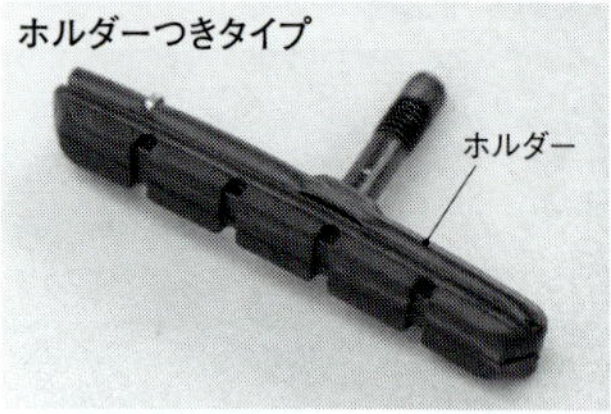

ホルダーつきのブレーキシュー。シューがホルダーの中に入っている。交換はゴムの部分だけ替えればいいので、セッティングも簡単

ホルダーなしのブレーキシューの交換

1 ブレーキシューを固定するスペーサーやワッシャ類は数多くある。順番を間違えないようにしよう

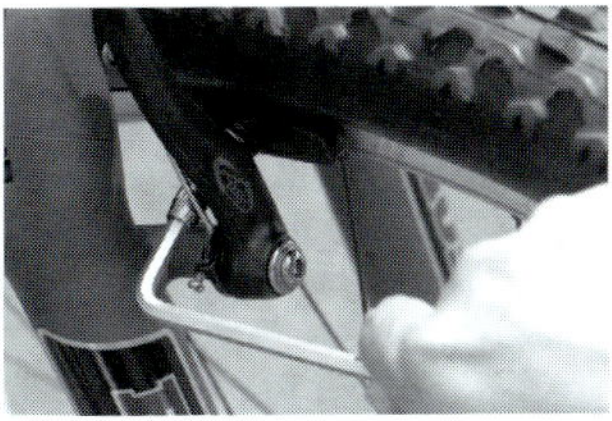

2 5mmアーレンキーを使って、ブレーキ本体にシューを固定しているボルトを外す

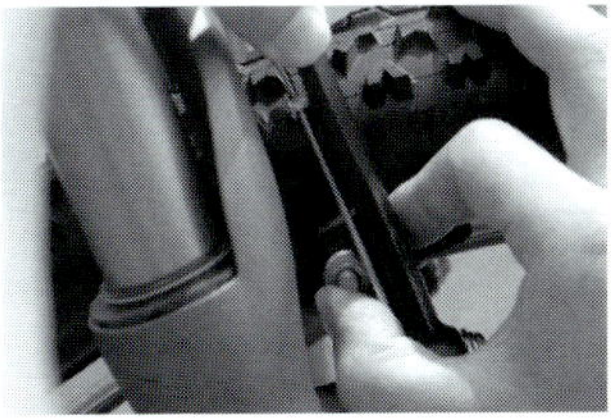

3 スペーサーやワッシャをひとつずつ取り外す。外したら順番と表裏が分かるように置いておこう

4 新しいブレーキシューを、ブレーキ本体に仮止めする

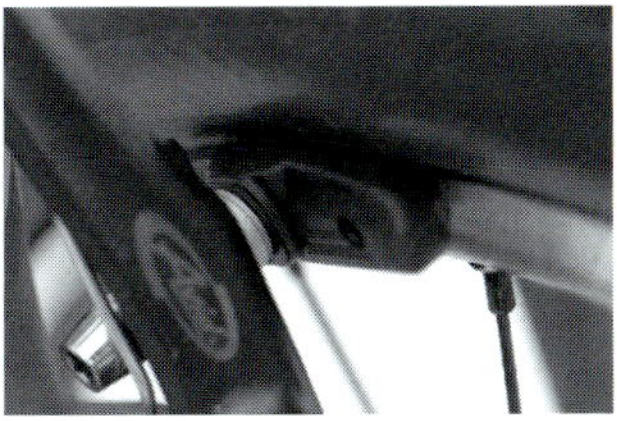

5 ブレーキシューがリム上の、正しい位置で当たっているか確認する

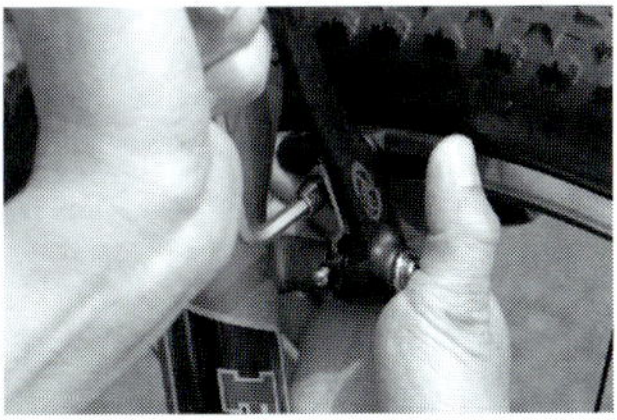

6 ブレーキ本体にシューを固定する。このとき一緒にシューが回転しないよう、しっかりとシューを押える

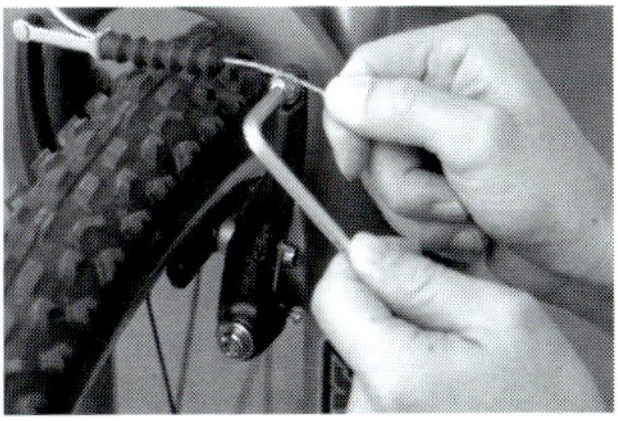

7 ワイヤーの張りを調整する。新しいブレーキシューは減っていない分だけ分厚いからだ

ホルダーつきブレーキシューの交換

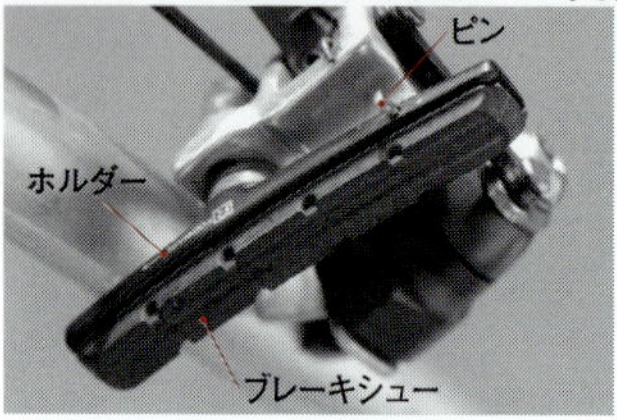

ホルダーつきブレーキシューは、写真のようにシューがホルダーに納まっている

ブレーキシューとピン。ブレーキシューは左右で形が違う

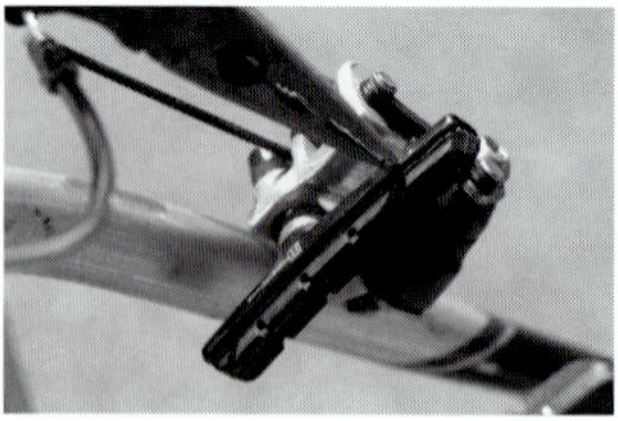

1 ラジオペンチを使って、ブレーキシューを固定しているピンを抜く

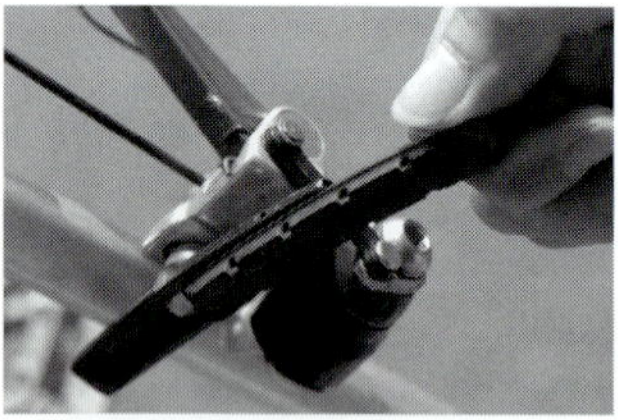

2 進行方向とは反対側に向かってシューをスライドさせると、ホルダーから抜くことができる

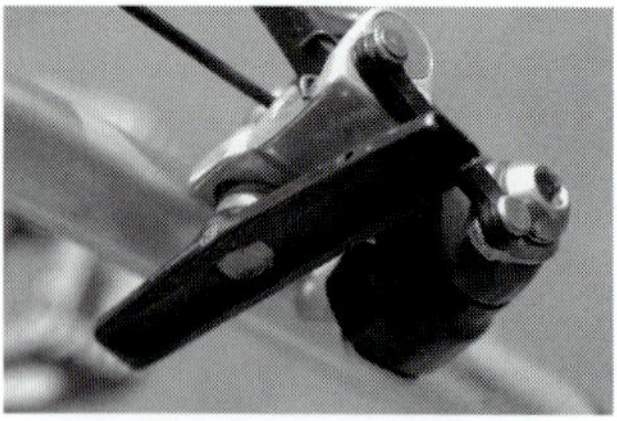

3 シューが抜けたあとのホルダーは、こうなっている

4 ブレーキシューの裏側には左右の区別と、ホイールの進行方向が印してある。間違えないようにしよう

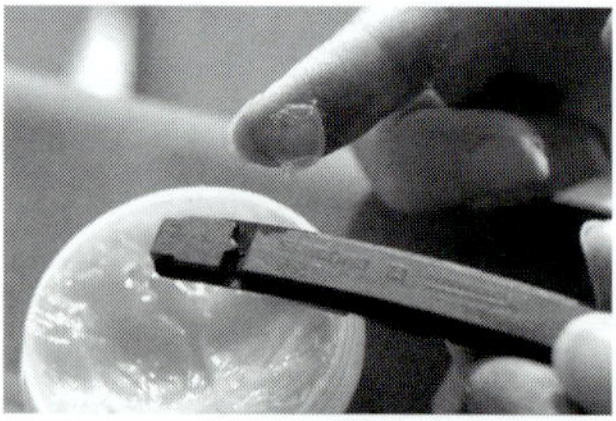

5 ブレーキシューの裏側にグリスを塗っておくと、ホルダーにスムーズに入れやすい

6 ホルダー側にグリスを塗ってもよい

7 ブレーキシューをホルダーに挿入する

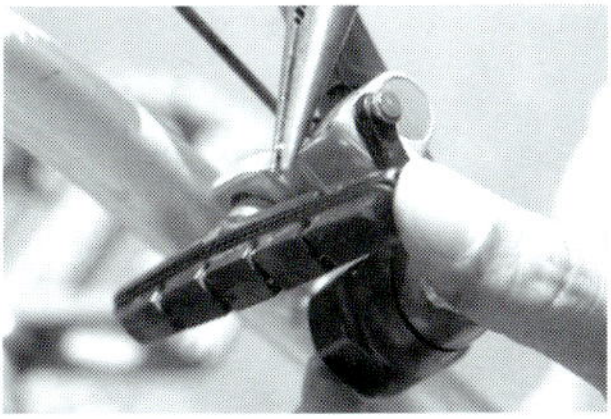

8 ブレーキシューをしっかりと、ホルダーの奥まで押し込む

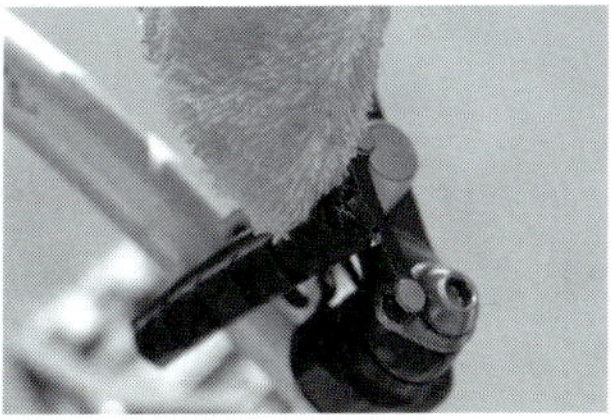

9 はみ出したグリスをきれいに拭き取っておこう

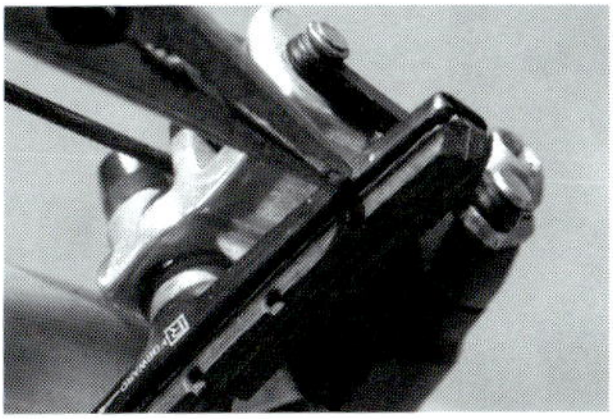

10 ピンをホルダーの穴に入れる

11 ピンは奥まで入れる。入らないときは、シューがホルダーの奥まで入りきっていないので、やり直す

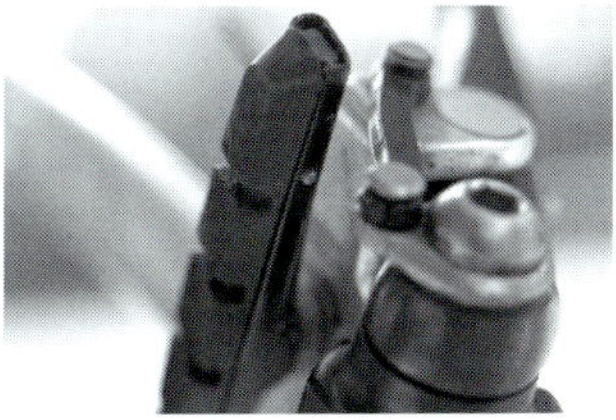

12 ホルダーの裏側を確認する。ピンが少し出ていれば、ピンは奥まで入っていることになる

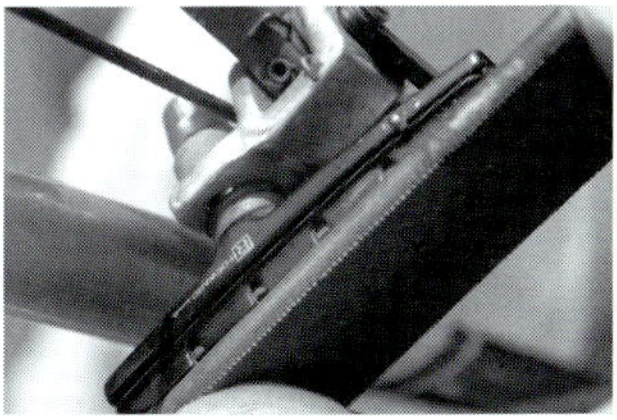

13 ブレーキシューの表面を軽くヤスリがけしておくと、ブレーキの効きはよくなる

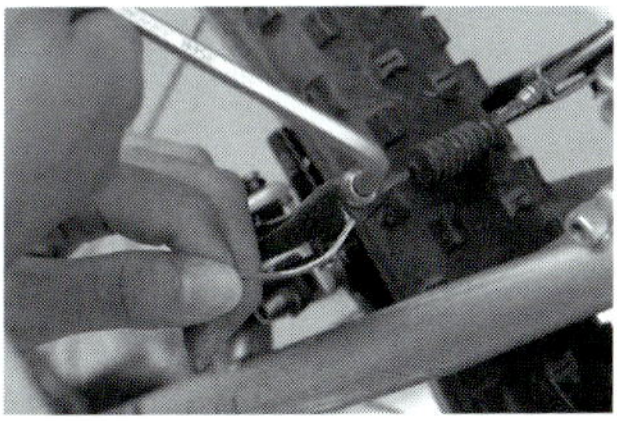

14 新品のブレーキシューは厚みがあるので、ワイヤーを多少緩めに張っておくとよい

ディスクブレーキのレバーを握ってもブレーキが反応しない

複雑な構造のオイルディスクブレーキは、レバーを握ってもブレーキが反応しない、ローターから音鳴りするなどが、代表的なトラブル。そんなトラブル防止のポイントとコツを知っておこう。

オイルディスクブレーキ

最も普及しているオイルディスクブレーキとは、ワイヤーの替わりにオイルによって、レバーの操作をキャリパーに伝えるもの。キャリパー内のブレーキパッドが、円盤状のローターを挟むことで、ブレーキが作動する

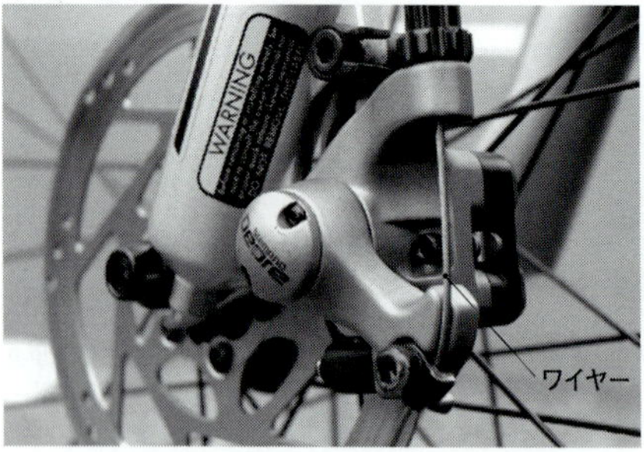

メカニカルディスクブレーキ

機械式はVブレーキと同様、レバー操作がワイヤーを介してキャリパーに伝えられる

★キャリパー＝ディスクブレーキ本体のこと。いわゆるブレーキ本体

ローターがこすっている

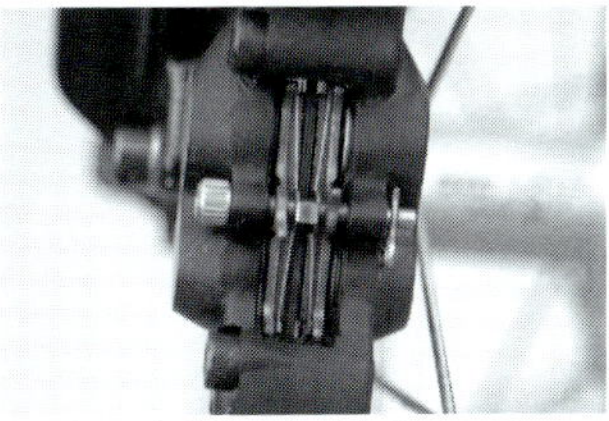

ローターから擦れる音がするときには、ローターの変形（要交換）かキャリパー位置の見直しをする

スペーサーは薄いものから厚めのものまでいろいろある

キャリバー位置はディスクブレーキ取付け台座とキャリパーの間に入っている、スペーサーによって調整する

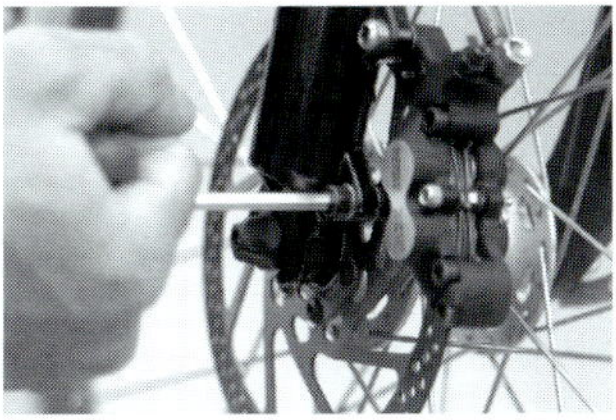

キャリパーを取付けるボルトを外し、スペーサーを入れ替えるなどして音鳴りのしない部分を探す

オイルディスクブレーキの注意点

さかさまにしないこと。オイル内の気泡の逆流によって、レバーを握ってもブレーキが効かなくなりやすいからだ。エア噛み込みの原因となりやすい（78ページ参照）

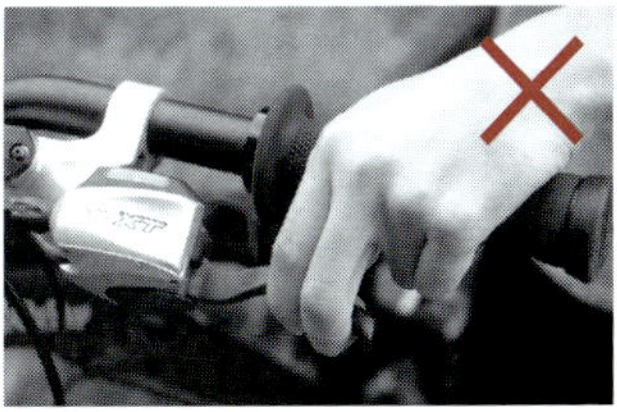

ホイールを外した状態でレバーを握らないこと。両側のパッドがくっついて戻らなくなってしまう

ホイールを外したら、パッドスペーサーをはさもう。誤ってブレーキを握っても大丈夫だ

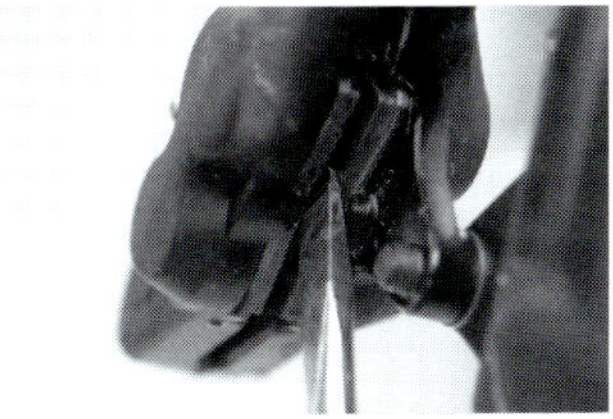

ホイールなしでレバーを握り込み、パッドが狭まったら、ドライバーなどでパッドを広げる

★ローター＝これをブレーキパッドがはさんで制動する

エア噛み込み(レバーがスカスカになった場合)の対処

1 オイルラインに気泡が入ったのがその原因。自転車を正立させて、しばらく様子を見てみよう

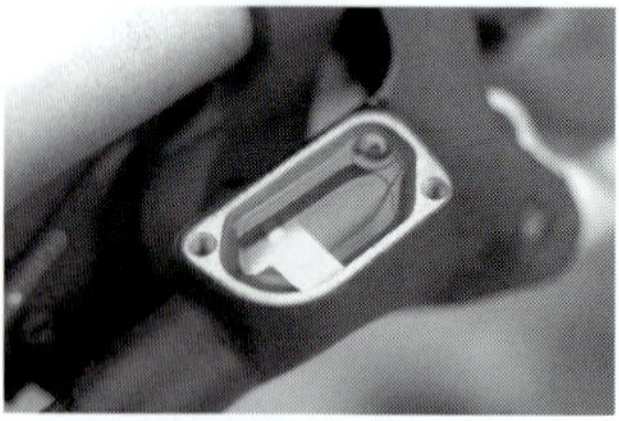

2 ①でも元に戻らないときはエア抜きを行なう。レバーのつけ根にあるリザーバーのキャップを外す

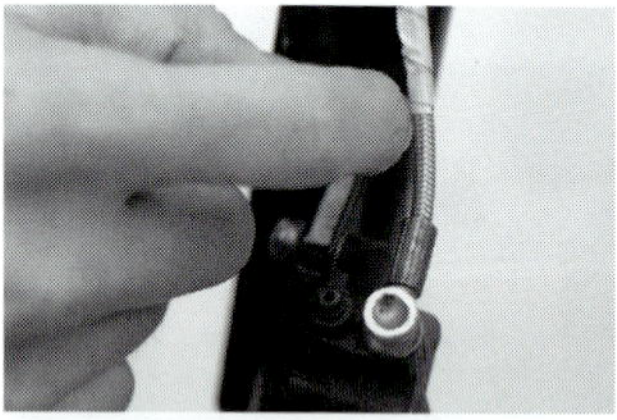

3 オイルラインを軽く指で叩いて、気泡の上昇を促す

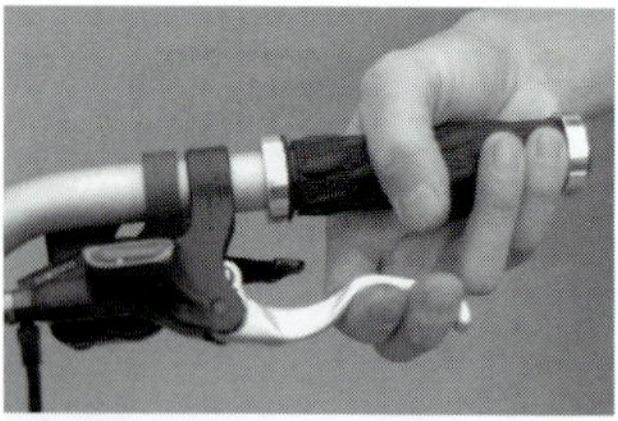

4 さらにブレーキレバーをゆっくりとストロークさせていく

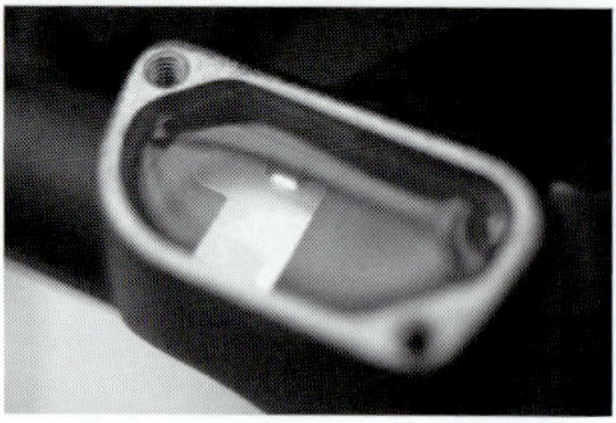

5 ③④の作業をしていくと、タンク内のオイルに気泡が上がってくる

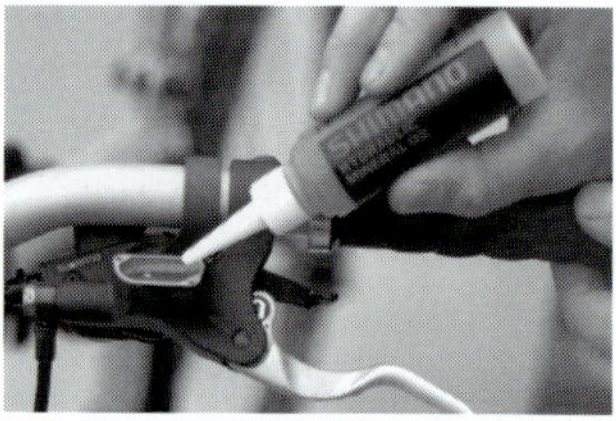

6 タンクからあふれるくらいに、ブレーキオイルを足す

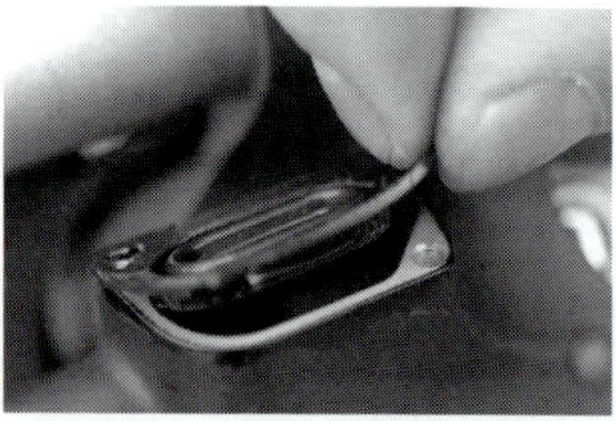

7 パッキンの裏側の溝にもブレーキオイルを満たし、パッキンをかぶせる

8 タンクのキャップをして、ドライバーで締める

ブレーキパッドの交換

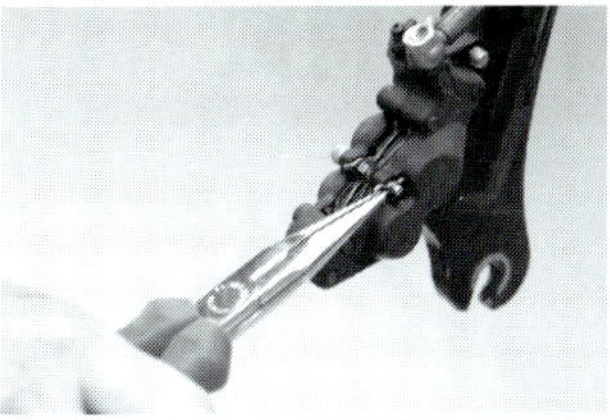

1 ブレーキパッドは金属だが、使えば消耗するのでチェックしよう。まずはパッド固定ボルトのピンを外す

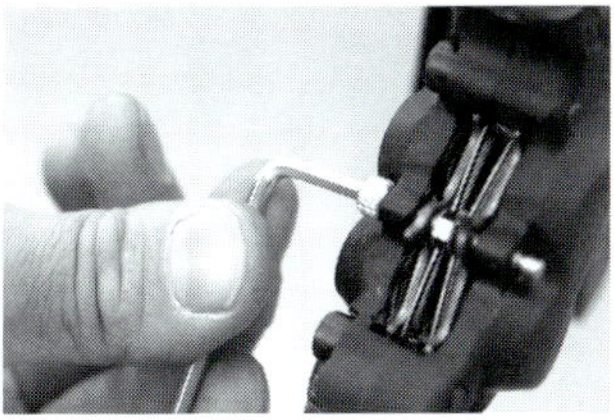

2 3mmアーレンキーで、パッドを固定するボルトを外す

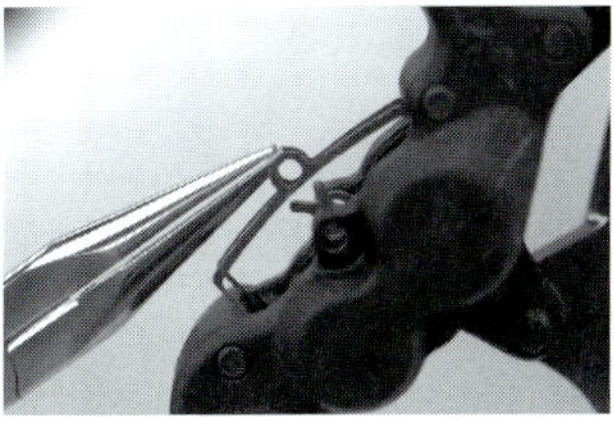

3 パッドを固定しているスプリングを外す

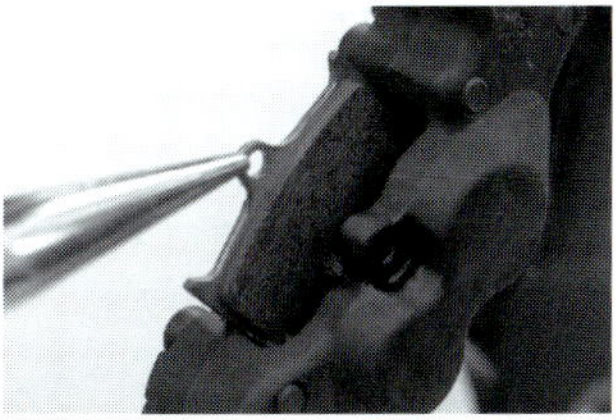

4 キャリパーからパッドを抜く。パッドを入れるときは、逆の手順で行なう

5 右が古いパッド、左が新しいパッド。古いまま使っているとパッドの表面は小石などで欠けたりもする

日常メンテナンス

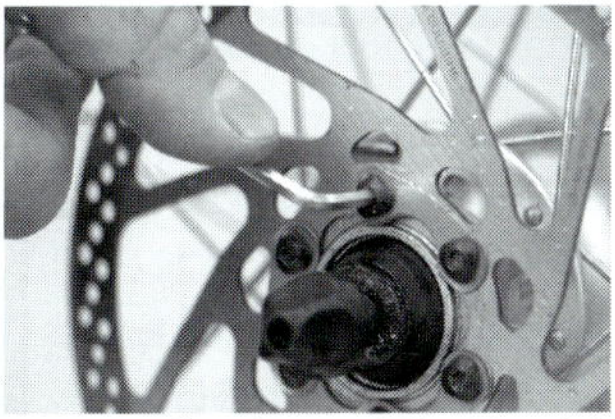

ローター取付けボルトは、想像以上に大きな力がかかる部分。増し締めしておこう

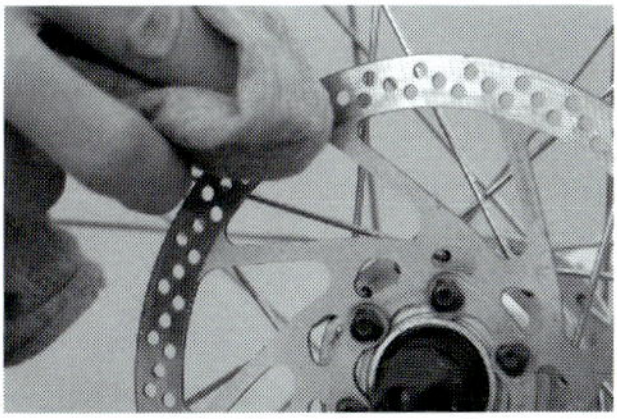

ローターは油分を取り除いてこそ、しっかりとブレーキが効くものなのだ。パーツクリーナーなどで拭いておこう

★増し締め＝ネジは使っているうちに緩むもの。日ごろ、緩みがないかチェック

ブレーキのタイプと特徴

Vブレーキ

オイルディスクブレーキ

メカニカルディスクブレーキ

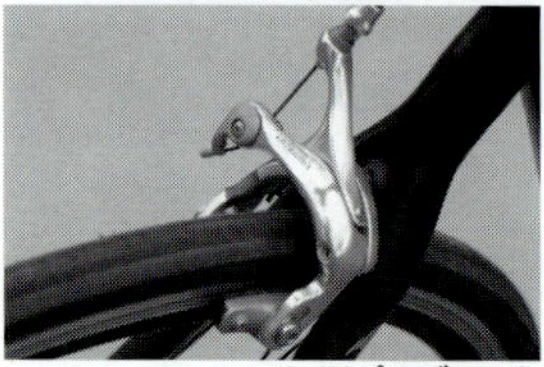
サイドプルブレーキ

現在、ＭＴＢやクロスバイクなどを中心に最も普及しているブレーキは、Ｖブレーキだ。このメリットとしては、メンテナンスが手軽、軽い、コストが低いなどがある。反面、雨やドロの中ではあまり効かない。

その点、オイルディスクブレーキはブレーキタッチが軽く、ブレーキ本体がタイヤから離れたところにあるため、ドロづまりもしづらい。リムがゆがんでも走行可能、などのメリットがある。デメリットとしてはさかさまにしてはいけない、ホイールを外した状態でブレーキレバーを握ってはいけないなどの注意点がある。

その点でメカニカルディスクブレーキは、ワイヤーを使って作動させるので、オイル式のような神経質さは必要ない。ただし、制動感はオイル式には及ばない。

一方、ロードバイクの主流はサイドプルブレーキだ。Ｖブレーキはフレームの台座にセットし、それを押し広げるように作動するので、その部分のフレーム強度が必要となる。しかしサイドプルブレーキは、フレームにかかる負担が少なくフレームも軽量にできるというメリットがある。

第4章
ギアチェンジ

走行中に前のギアのチェーンが外れた

前のギアからチェーンが外れるのはよくあること。直すのは簡単だが、それよりも外れたことに気がつかないで、強くペダリングしてしまうことに注意。最悪、チェーンが切れることもあるのだ。

内側にチェーンが外れた

1 前のギアの内側にチェーンが落ちると、チェーンにテンションがなくなり垂れ下がった状態となる

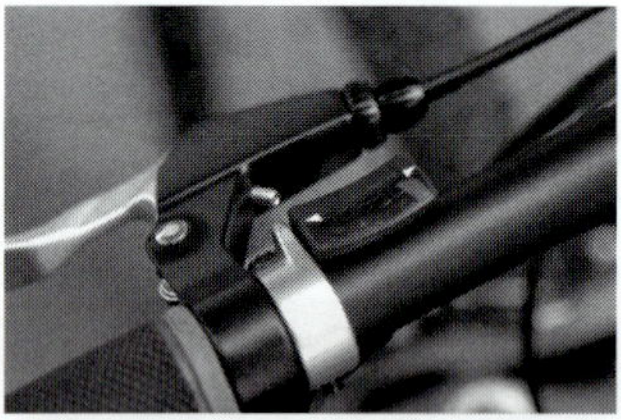

2 直すにはまずフロントディレイラーをインナー側（小さいギア）に入れる。左手のシフターが「1」か「L」（ロー）側だ

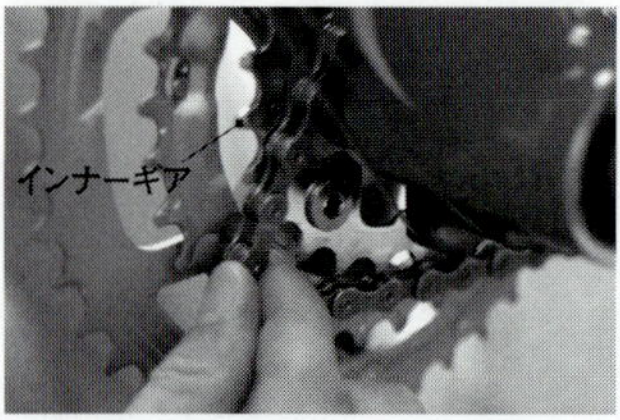

3 チェーンをつまんでインナーギアの下側に引っかける

4 ペダルを持って、後ろ回しにする。そうすれば、チェーンはギアにうまくはまる

チェーンが内側に噛み込んでしまった

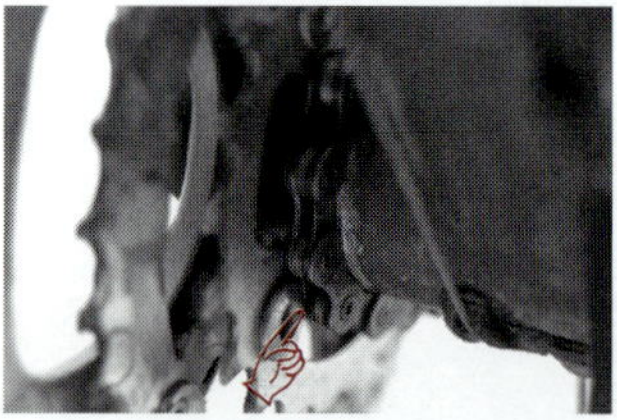

前のギアの内側に外れた状態で強くペダリングすると、チェーンリングとBBの間に噛み込んでしまう

チェーンを手で引っ張り出すことになる。クランクを外して直すと（126ページ参照）チェーンなどを傷めにくい

内側にチェーンが外れた場合の簡単修復術

1 手を汚さず、簡単にチェーン外れを直すことができる裏ワザ。これをさりげなくやると、回りの人から拍手されるかも知れない！　ドロドロのシューズでやると、チェーンを汚すのでやらない方がよい。やり方は、チェーンが外れたままで、フロントディレイラーをインナーギアに入れ、クランクを真下にする。クランクの右側からシューズの先を使ってインナーギアにチェーンを引っかける

2 インナーギアにチェーンをかけようとして外側にチェーンが外れることもあるが、それでも問題はない

3 ①②の状態からギアを前回しにすると、チェーンはインナーギアに入る

チェーンが外側に外れた場合の簡単修復術

1 走行中ならばフロントディレイラーを、アウターギアかセンターギアに入れて、ゆっくりとペダルを前に回す。力強くペダリングすると、チェーン切れの原因になるので、ゆっくりと回すことがポイント

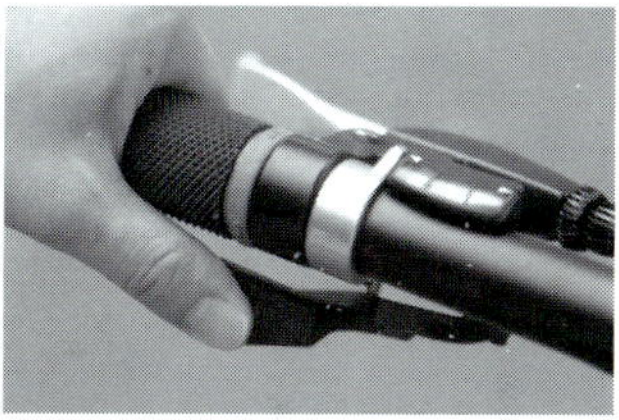

2 止まっているときに直す場合、最初にするのは、フロントディレイラーをアウターギアに入れること

3 チェーンをつまんでアウターギアの下側に引っかけ、ゆっくりとペダルを後ろ回しにすれば直る

★センターギア＝前のギアが3段の場合、中央のギアをセンターギアと呼ぶ

走行中に後ろのギアのチェーンが外れた

後ろ側のギアは前ほどチェーンは外れやすくはないが、よく外れるようならリアディレイラーのストローク調整（90ページ参照）を。チェーン外れに気つかずにペダリングするとスポーク切れの原因にもなる。

外側にチェーンが外れてしまった

スプロケットの外側にチェーンが外れたままペダリングすると、フレームとの間にチェーンが噛み込むことが多い

こんなときは無理してチェーンを引っ張り出さずに、後輪を外してみよう（38ページ参照）

内側にチェーンが外れてしまった

スプロケットの内側に外れた例。スポークプロテクターがあると、スポークを傷めることがないので安心

スポークプロテクターがないと、噛み込んだ際にチェーンによってスポークが傷つけられ、切れることもある。こうならないためにも、異変に気づいたらすぐにペダリングを止めて、チェックしよう

スポークとスプロケットの間にチェーンが噛み込んだら、ドライバーなどを使っててていねいにチェーンを出すしかない

★スポークプロテクター＝チェーンがホイール側に外れたときにスポークを保護するために後輪のギアの内側につけられた薄い円状のプラスティックの板

チェーントラブルを起こしやすいギア

フロント・インナー×リア・トップ

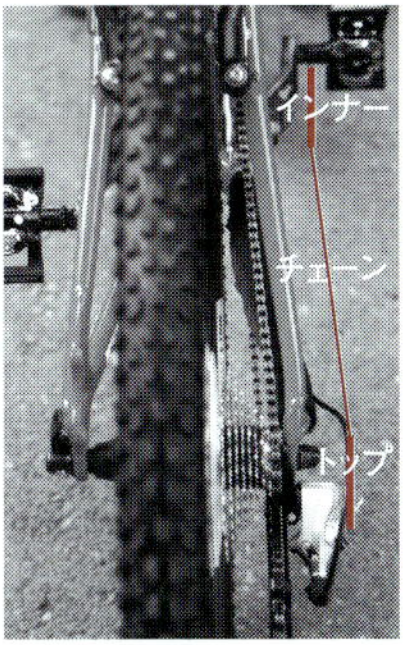

前後ともに小さいギア(前がインナーギア、後ろがトップギア)の組み合わせは絶対に避ける。チェーンのテンションが少ないので、走行中の振動でチェーンが暴れやすい。前後とも大きいギア(前がアウターギア、後ろがローギア)の組み合わせもNG。どちらもチェーンがねじれた状態なので、大きな力がかかると、切れやすくなる

フロント・アウター×リア・ロー

チェーンはこんなに酷使されている

前後とも小さいギアで、それほど荒れていないオフロードを走ってみた。チェーンにテンションが少ない状態なので、チェーンは驚くほど上下左右に暴れている。チェーンは外れやすいし、このときにペダルを踏むと、無理な力が加わってチェーンが切れやすくもなる

フロントギアを変速中にチェーンがよく外れる

フロントディレイラーのストローク(可動幅)調整は、ボルトをドライバーで回すだけ。それでもチェーンが外れやすかったり、チェーンが擦っているようなら、取付け位置を見直そう。

ストローク調整

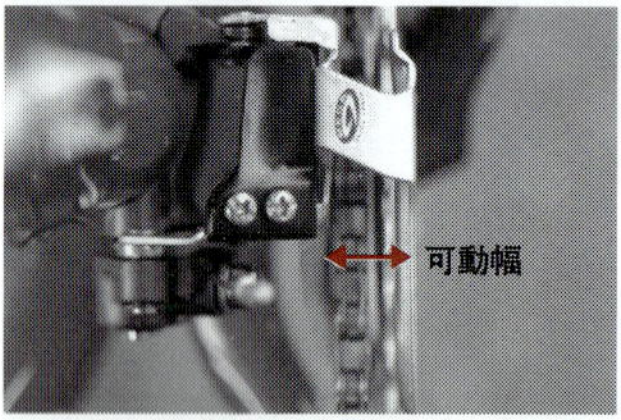

フロントディレイラーの可動幅を決めるのがストローク調整。これでチェーン外れがかなり解消される

作業はストローク調整ボルトで行う。[HIGH]でアウターの外側、[LOW]でインナーの内側への限界を調整する

Low側の調整

インナー×ローギアにして、フロントディレイラーの内側のガイドプレートとチェーンの間隔を見る

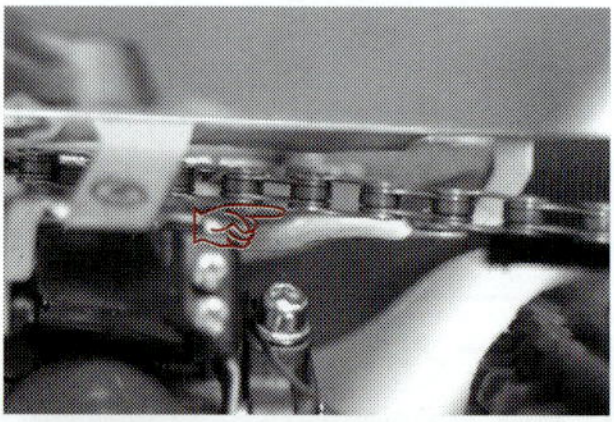

この間隔が0.5mm前後で、チェーンと接触しない位置にセットする。調整は[LOW]のボルトを回す

High側の調整

アウター×トップギアにして、フロントディレイラーの外側のガイドプレートとチェーンの間隔を見る

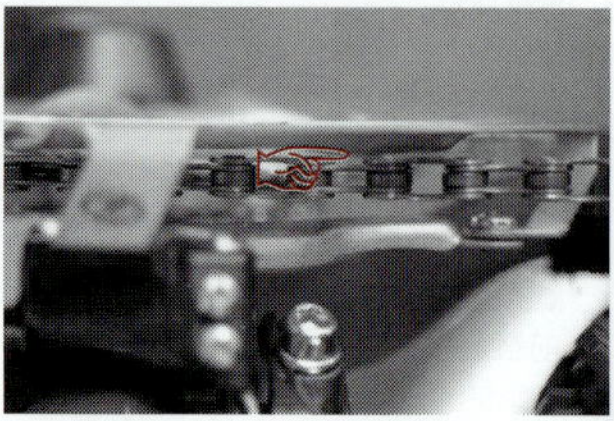

この間隔が0.5mm前後で、チェーンと接触しない位置にセットする。調整は[HIGH]のボルトを回す

ストローク調整の確認

ストローク調整ボルトを回した後に、ワイヤーを引っ張って確認するとさらに分かりやすい

取付け位置の確認

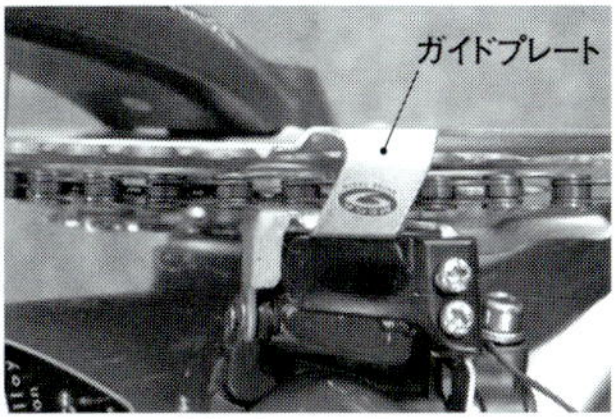

ストローク調整ボルトを回してもチェーンが擦っているようなら、フロントディレイラーの取付け位置を確認する。ポイントはフロントディレイラーの角度と高さ。角度は、真上から見て、フロントディレイラーのガイドプレートが、アウターギアと平行になっていればOK

高さは、フロントディレイラーとアウターギアとのすき間が、約1～2mmならOK

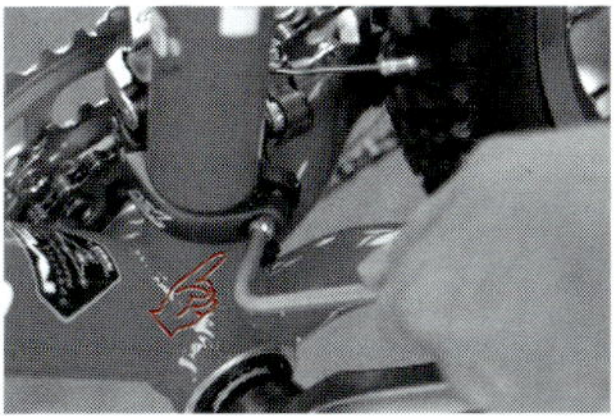

フロントディレイラーの取付け位置調整は、このボルトを緩めて行なう。微妙な作業なので慎重に

ギアの調整に便利なスタンド

ブレーキ調整はスタンドがなくてもできなくはないが、ディレイラーの調整はホイールを回転させながら行なうので、スタンドは必需品。このようなタイプのシンプルで折り畳みもできるスタンドは、収納にも場所を取らないし、自転車を立てておくときに重宝する。持っていたいアイテムのひとつだ

フロントディレイラーがうまく変速しない

シフト操作をしても、なかなか変速しないときや、
変速してもカチャカチャ音がしたままのときは、
シフトワイヤーの張りをチェックしてインデックス調整をしよう。

ワイヤーのたるみのチェック

1 フロントはインナーギアに入れて、シフトワイヤーのたるみがないかどうかチェックする

2 シフトワイヤーがたるんでいる場合は張り直す

3 5mmアーレンキーを使ってフロントディレイラーのボルトを緩め、ワイヤーを引っ張ってボルトを固定する

インデックス調整

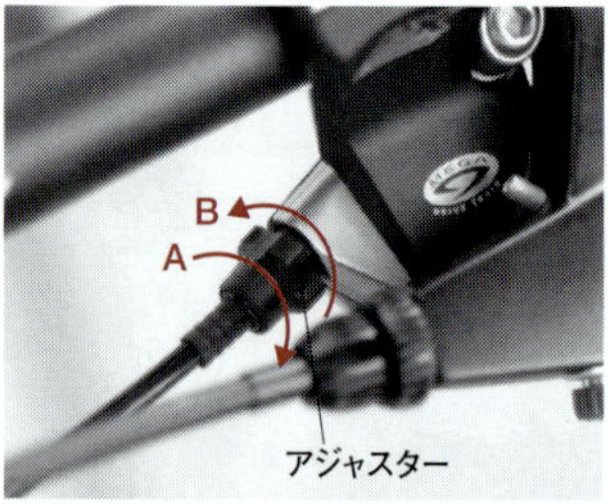

ディレイラーは1段ずつ、段階的に変わるように作られている。これをインデックス機構という。その区切りを前のギアの位置に合わせるのがインデックス調整だ。そのセッティングは、アジャスターで行なう。A、Bの2種類の回転方向によって調整する。A方向は、フロントディレイラーが内側に動き、B方向に回すと外側に動く。方法は右ページで

フロント・センター×リア・ロー

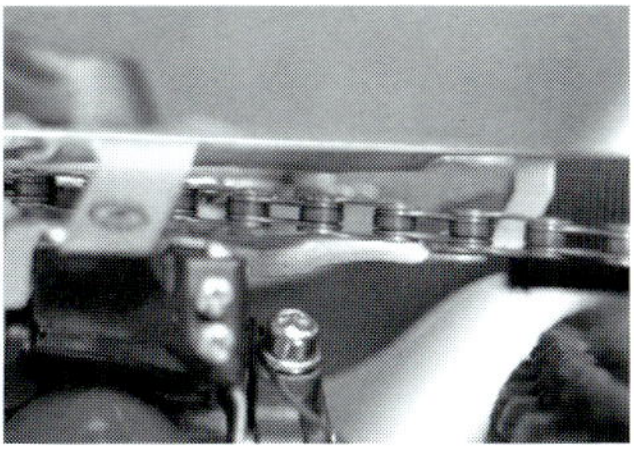

センター×ローにチェーンをかけ、アジャスターを回す。ディレイラーの内側のガイドプレートが、ギリギリでチェーンに当たらない位置にセットする

フロント・センター×リア・トップ

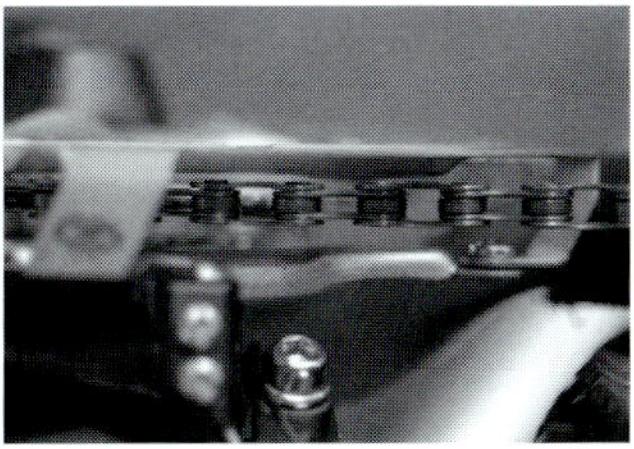

センター×トップにチェーンをかけ、アジャスターを回す。ディレイラーの外側のガイドプレートが、ギリギリでチェーンに当たらない位置にセットする

この2つができれば、フロントディレイラーをインナーギア、あるいはアウターギアにしてもスムーズに動くはずだ。念のため、インナーギア、あるいはアウターギアに入れてチェックしておこう。ただし85ページ「チェーントラブルを起こしやすいギア」で紹介した［フロント・インナー×リア・トップ］、［フロント・アウター×リア・ロー］の組み合わせのときは、ディレイラーのガイドプレートがチェーンに当たる。これは構造的な問題であり、あまり使用しないギアの組み合わせなので、問題はない

チェーンに問題があることもある

フロントディレイラーの取付け位置調整、ストローク調整、インデックス調整などをしても、どうしても変速不良や音鳴りが直らないこともある。そんなときに疑ってみるのが、チェーンのよじれ（チェーン交換・99ページ参照）やチェーンリングの変形（チェーンリングの交換・128ページ参照）などだ。関わっているパーツをすべてチェックして、その原因を考えてみよう。それでも分からないときには、バイクショップに持ち込もう

外れやすい後ろのギアは ストローク調整で一発解消だ

リアディレイラーの場合はフロントと違い、チェーンの暴れによる影響を受けにくい。つまりはしっかりとストローク調整ができていれば、リアのチェーン外れはほとんどなくなるということだ。

ストローク調整

1 リアディレイラーの左右の可動幅をセットするのがストローク調整だ

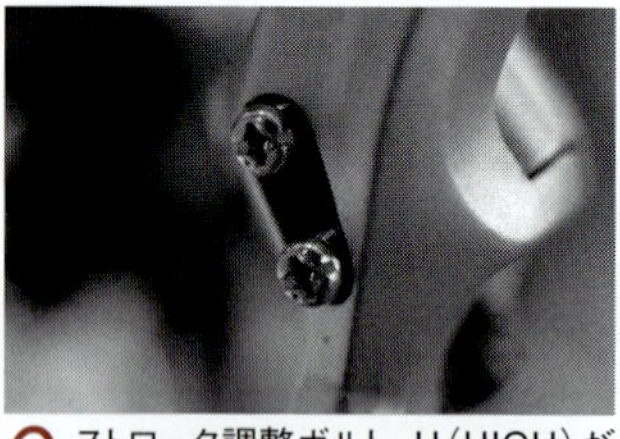

2 ストローク調整ボルト。H（HIGH）がトップ（外）側、L（LOW）がロー（内）側の振り幅を調整する

3 プラスドライバーを使って調整する。時計回しにすると、トップ側もロー側も振り幅は狭くなる

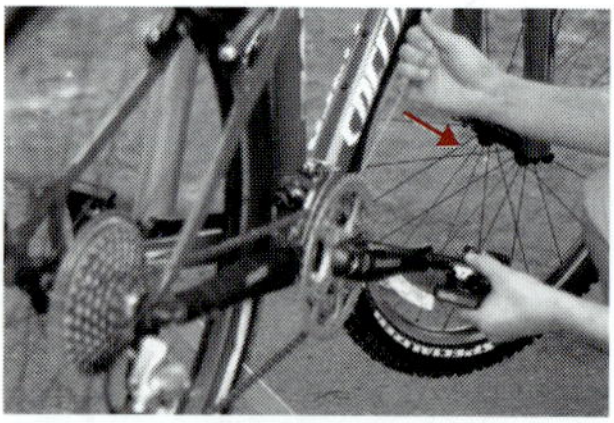

4 ストローク調整を確認するときは、スタンドに乗せて、ペダルを進行方向に回しながら、勢いよくワイヤーを引っ張り、そして急に放す。この方が、シフターでの操作よりも強い力がディレイラーにかかるので、より確実にストロークを確認できる

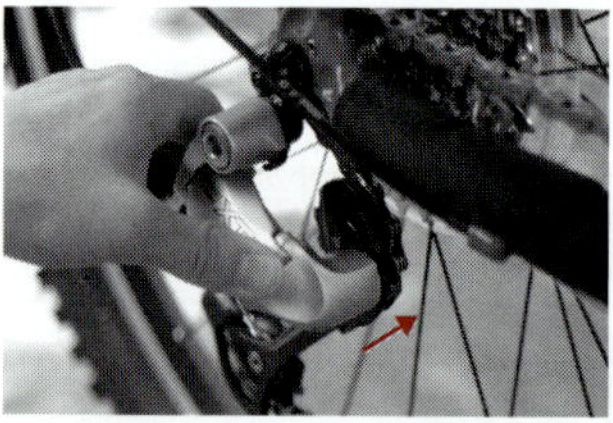

5 ④と同じく、ストローク調整を確認するときは、ペダルを進行方向に回しながら勢いよくリアディレイラーの中央部分を手で押し込み、急に放す、という方法もある

後ろのギアが変速しにくい

後ろのギアのシフト操作をしても、なかなかスムーズに変速しないときや、変速してもカチャカチャ音がしたままのときは、シフトワイヤーの張りをチェックしてインデックス調整をしよう。

インデックス調整とは

シフトレバーをワンクリックすると、ギアは1段変わるようにできている。これをインデックス機構という。このシステムでは、ワイヤーのテンションが合っていないと、ワンクリックしても変速しないか、中途半端な変速状態となり、いつまでもカチャカチャと音を立てることになる。

変速不良や音鳴りを解消するための操作は、リアディレイラーとシフトレバーにあるアジャスターで行なう。どちらで調整してもよい。

調整はA、Bの2パターンの回転方向によって行なう。A方向に回すとリアディレイラーが内側に動き、B方向に回すと外側に動く。

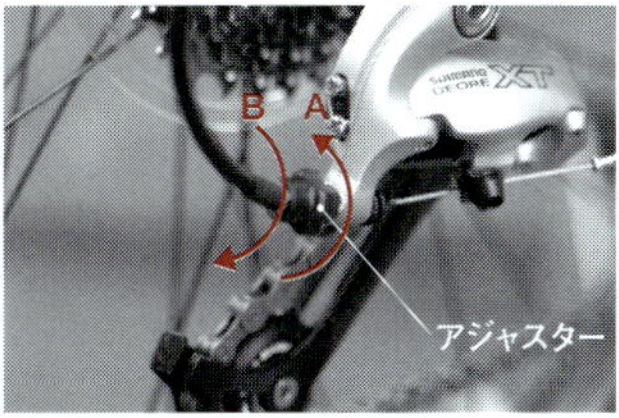

リアディレイラーのアジャスター。AあるいはBに回して調整できる

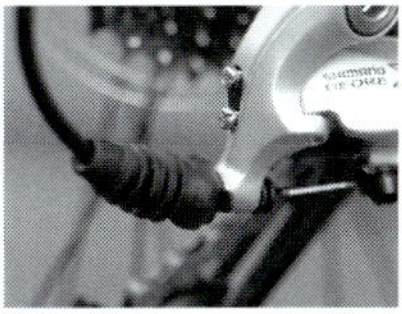
アジャスターはほこり避けのダストブーツにカバーされているものも多い

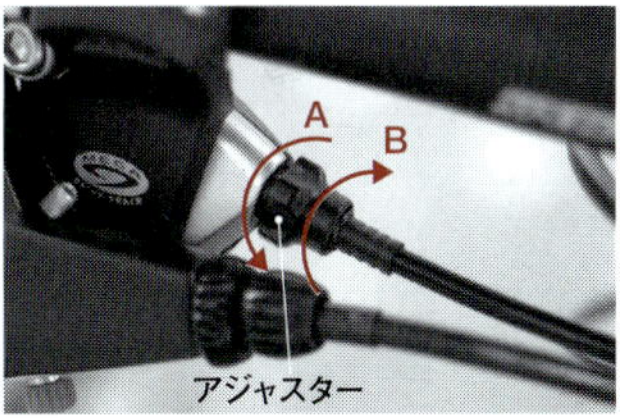

シフトレバー側のアジャスター

ワイヤーのたるみをチェックする

ワイヤーがたるんでいるとインデックス調整はできない。リアをトップに入れてチェックする

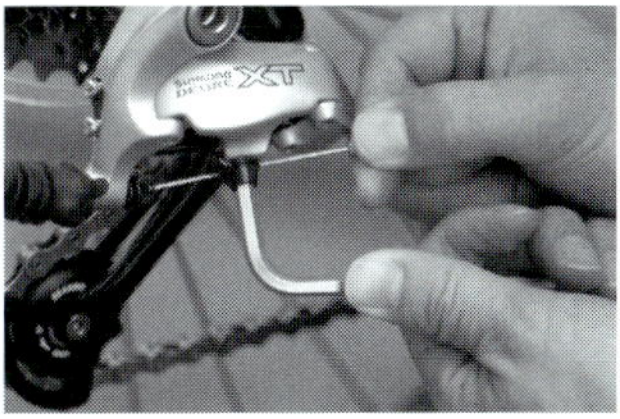
ワイヤーがたるんでいる場合は、5mmアーレンキーを使って、ワイヤーを張り直す

インデックス調整の方法

1 前をセンターギアに、後ろをトップギアに入れてクランクを回して、音鳴りがしないかチェックする

2 音鳴りがあれば、アジャスターを回して、音鳴りのしないポイントを探す。アジャスターは1/4回転ずつ回して様子を見る

3 ここで音鳴りが収まらないときは、自転車を真後ろから見てみる。外側のギアと、リアディレイラーのプーリー（滑車）が一直線になっていればOK。アジャスターを回してもプーリーが外側のギアよりも内側にある場合は、ワイヤーの張りすぎを疑うか、ストローク調整（90ページ参照）をする

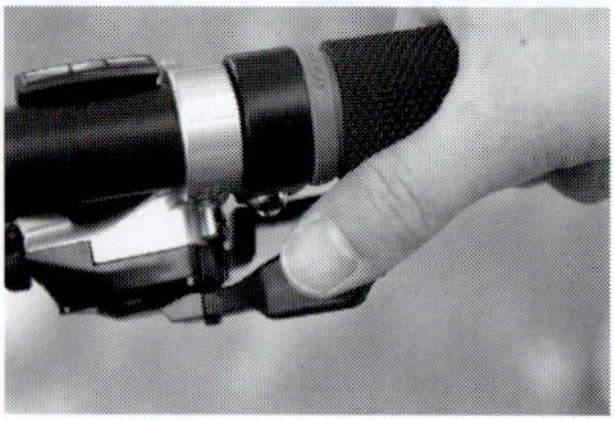

4 音鳴りがしなくなったら、リアのシフトレバーの親指側を1回押してクランクを進行方向に回す

5 2番目のギアにスムーズに変われば OK。うまく変わらなかったり音鳴りがしているようなら、アジャスターを左右方向に1/4回転ずつ回してギアの動きを見る。通常、スプロケットは半周するだけでスムーズに変わる

6 1段ずつ大きい方のギアに変えながら、変速不良、音鳴りをチェックする。問題があれば、アジャスターを1/4回転ずつ回して、スムーズに変速するポイントを探す。こうしてローギアまで調整していくと、すべてのギアで音鳴りがしなくなるよう設計されている。戻り側（ローギアからトップギアへ）の動きがスムーズかもチェックしておこう

7 クランクを速く回しながら、今度は一気に何段か変速させてみるなど、実際のライディングに近い状態で、ギアを変速させてみよう

8 フロント側を、インナーギアとアウターギアにも入れて、同様にチェックする。ここまでやっても、変速不良や音鳴りがあるときには、ディレイラーをフレームに取付けているエンドが曲がっていることを疑おう。専用工具が必要となるので、バイクショップに相談したほうがいいだろう

ギアの歯をよく見てみよう

スプロケットをよく見てみよう。歯の形状が、1枚1枚違うことが分かるだろう。欠けたように見えるのは、リーディングティースという歯。変速のときには、その歯がきっかけとなってチェーンが移動する。その隣の歯は、多少ねじれても見える。これもまた、変速をスムーズにさせるためのアイデアだ。このリーディングティースは、スプロケットの4分の1周間隔である。つまり変速は、スプロケット（＝ホイール）4分の1回転で終えられるということなのだ。せっかくのテクノロジーを生かすのもまた、しっかりとしたメンテナンスからだ

増し締めをしておこう

作業が終わったら、リアディレイラーをフレームに取付けているボルトを、5mmのアーレンキーで増し締めしておこう

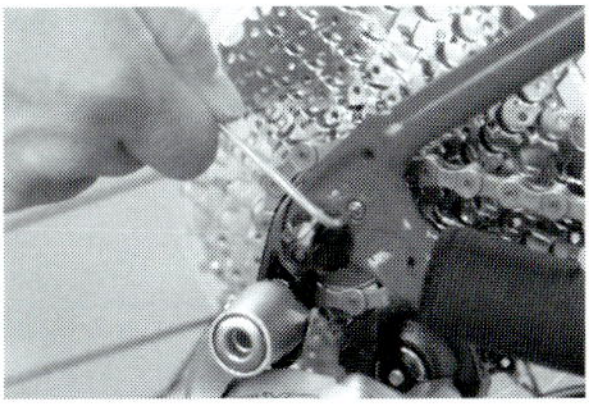

リアディレイラーの取付け台座は見えにくいところだが緩みやすい。ここも増し締めしよう

シフトレバーの動きが重くて指が痛い—1

買ったときは軽くシフトレバーを押せたのに、
今や力を込めて操作しないと動かない、ということはないだろうか？
そんなときはワイヤー交換が一番近道。
ワイヤーに注油するだけでも操作感はかなり違う。

ワイヤーとディレイラーへの注油

1 リアディレイラーのワイヤーをフレームから外して注油する。前アウター×後ろローギアにセット

2 後ろのギアのシフトレバーをトップ側に入れる。シフトレバーの操作だけで、実際に変速させてはいけない

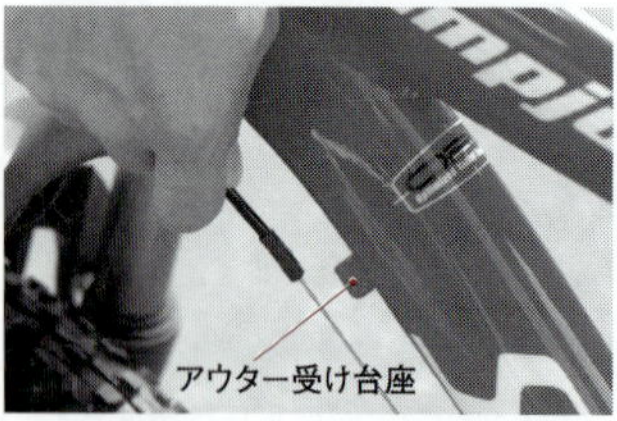

3 ②の操作をすると、ワイヤーがたるむので、フレームのアウター受けからワイヤーを外す

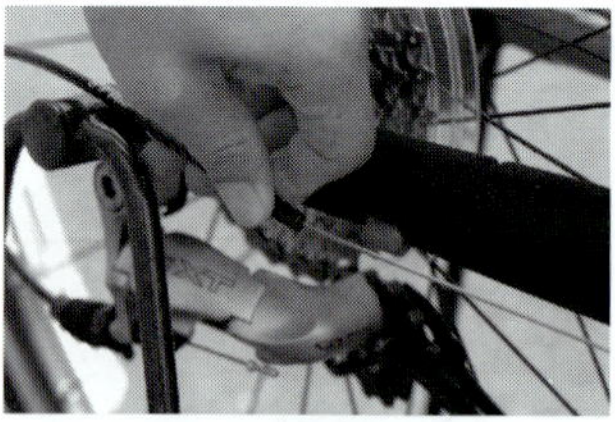

4 リアディレイラー側のワイヤーも、アウター受けから外す

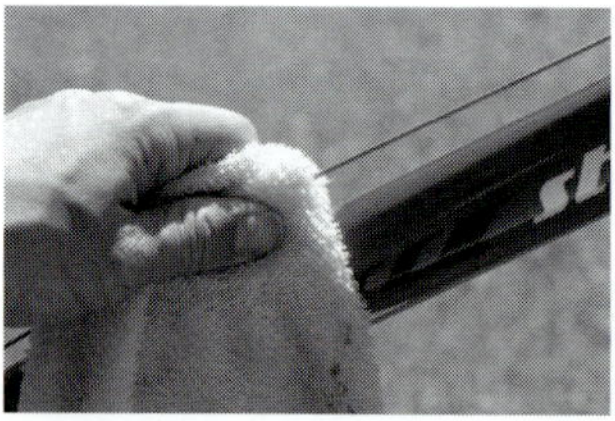

5 アウターケーブルの中に入っているインナーワイヤーの汚れを、布で拭き取る。錆びている場合は交換だ

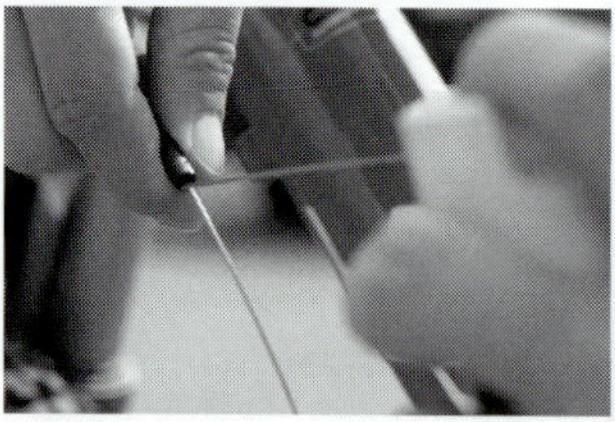

6 ワイヤーをきれいにしたら、注油する。アウターケーブルの中によく染み込ませ、ワイヤーを元に戻す

★アウター受け＝ワイヤーケーブルをフレームに固定する台座

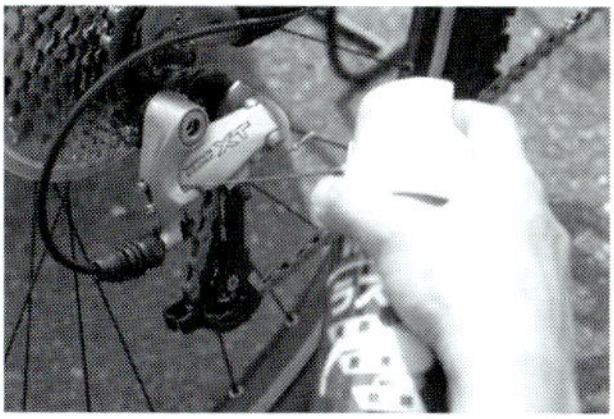

7 リアディレイラーの可動部分やプーリーのシャフト部分にも注油。余分なオイルは拭き取っておく

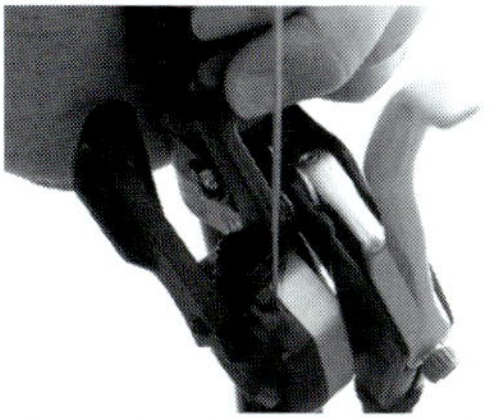

8 シフトレバー内部にも注油する。このような作業にはノズルつきのスプレーオイルは欠かせない

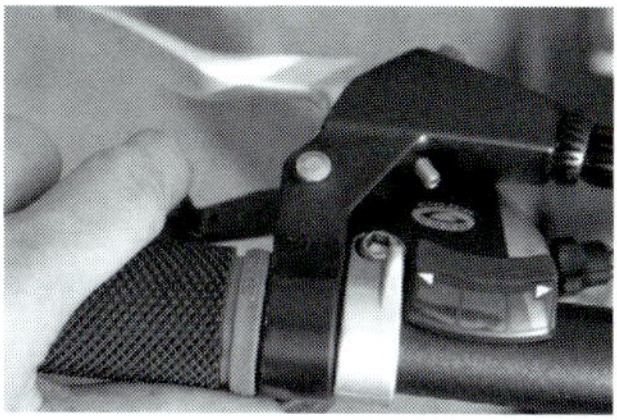

9 フロントの場合は、チェーンがアウターギアに入った状態でシフトレバーをインナー側に入れると、ワイヤーがたるむ。リアと同様にワイヤーをフレームから外して注油する

シフトレバーの角度チェック

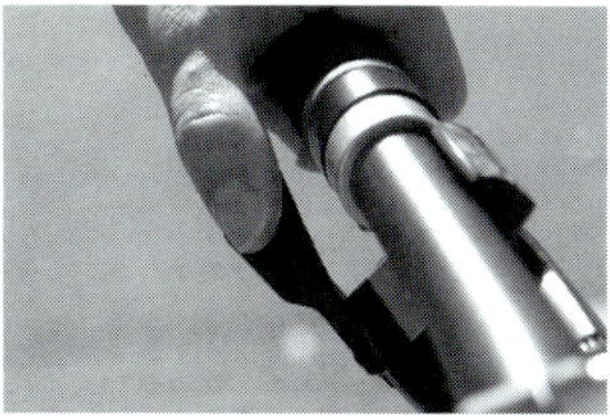

その人によって変速しやすい角度というものがある。シフトレバーの角度を見直してみよう

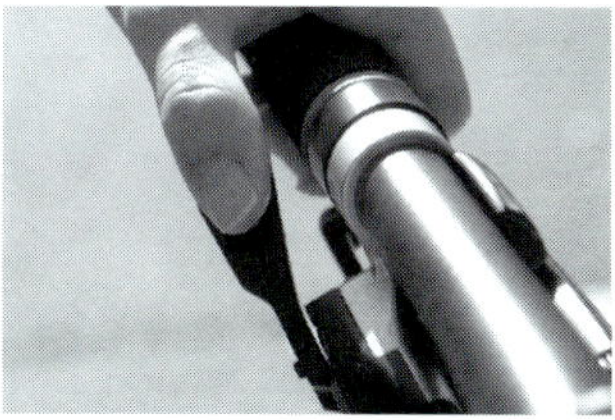

このように手前側にセットすることで、手が小さい人には変速操作をしやすくなる

シフトレバーの位置や角度を変える場合は、5mmアーレンキーでこのボルトを緩める

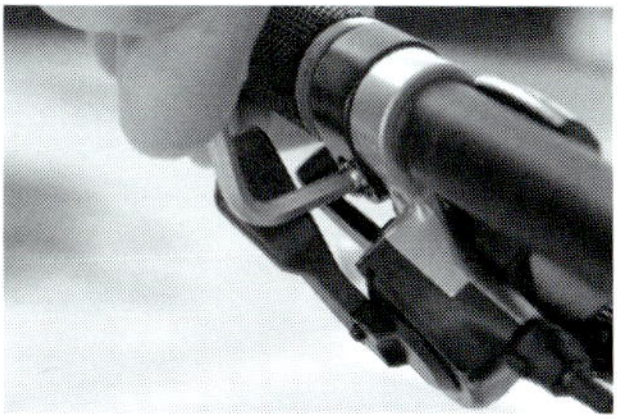

シフトレバーの位置を変えるときに、ブレーキレバーが干渉するときは、先にブレーキレバーをずらす

シフトレバーの動きが重くて指が痛い—2

シフトワイヤーは変速操作が重くなったら交換、と考えよう。
新品にすると、驚くほど動きは軽くなる。1年に1回は交換しよう。
交換するときは、インナーワイヤーとアウターケーブルを同時に行なう。

シフトワイヤーの交換

1 シフトワイヤーの交換は、前後ともやり方は基本的に同じ。フロント側を例にとってみよう

2 ワイヤーの末端についているキャップを外す

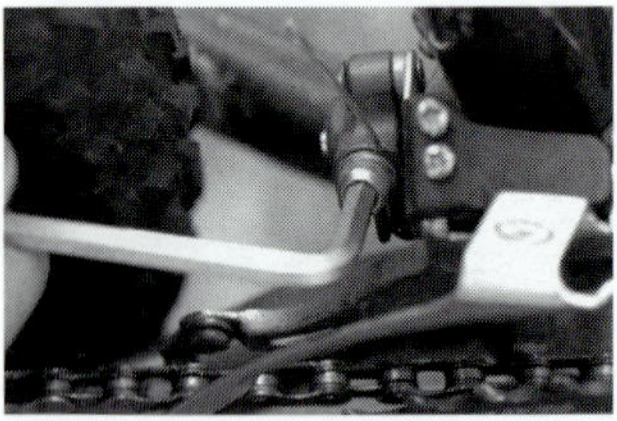

3 ワイヤーを固定しているボルトを5mmアーレンキーで緩め、ディレイラーからワイヤーを外す

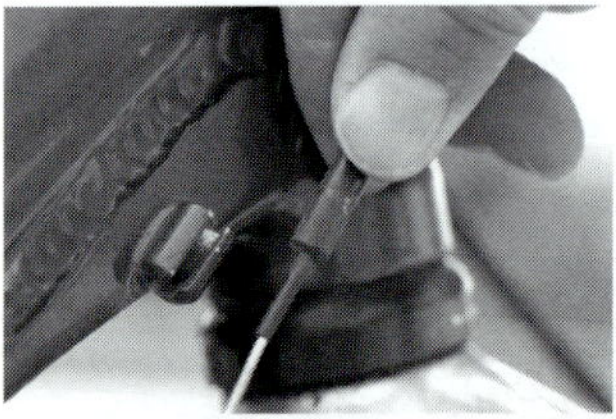

4 インナーワイヤーとアウターケーブルをフレームから外していく

5 プラスドライバーを使って、シフトレバーのカバーを外す

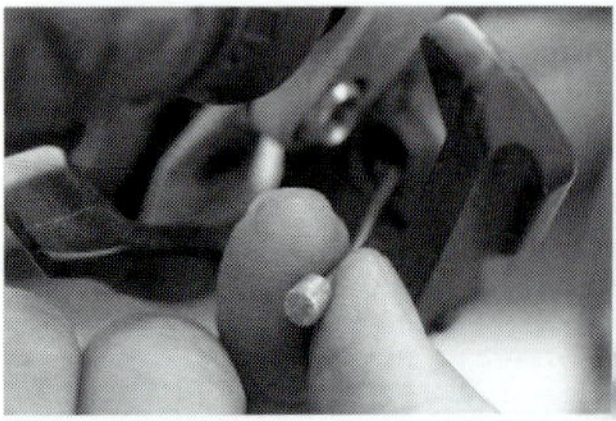

6 ワイヤーをシフトレバーから抜き取る

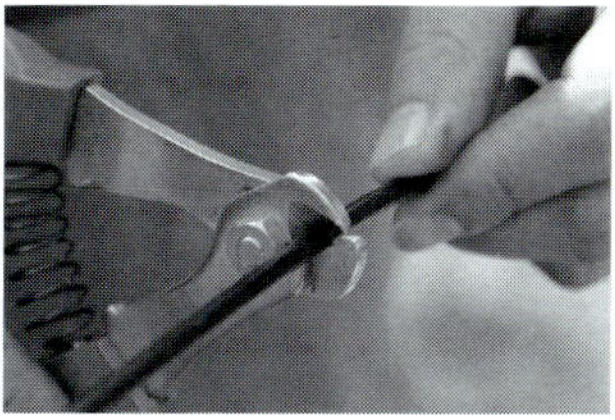

7 アウターケーブルをワイヤーカッターでカットする。元々のアウターケーブルの長さを参考にしよう

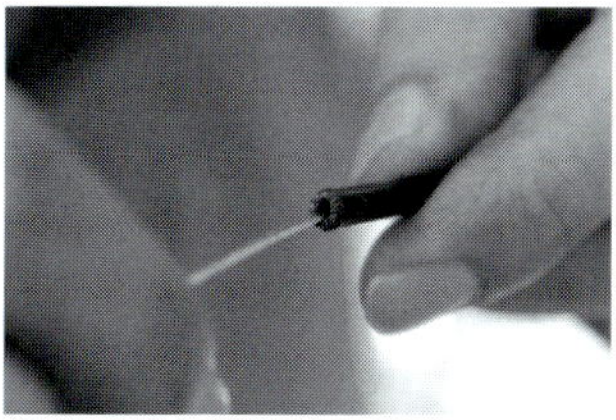

8 アウターケーブルの切断面はつぶれているので、反対側の切断面からワイヤーを通して、切り口を広げる

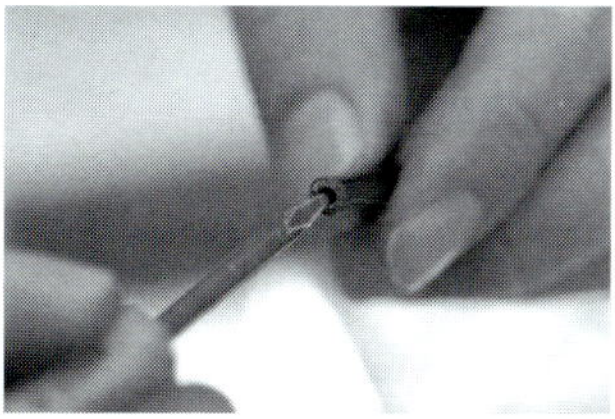

9 切り口をニードルなどで整える

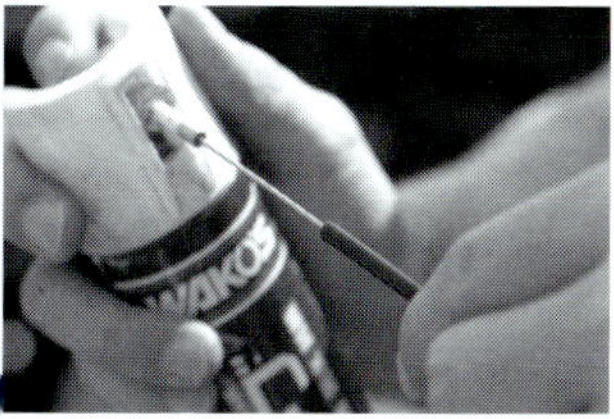

10 アウターケーブル内部に注油する

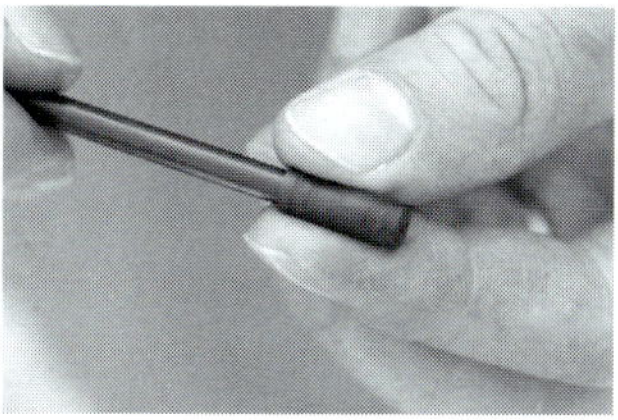

11 アウターケーブルにカップをかぶせる

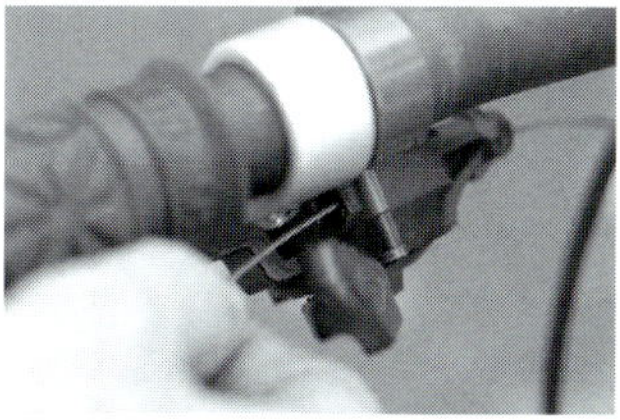

12 インナーワイヤーをシフターにセットしていく

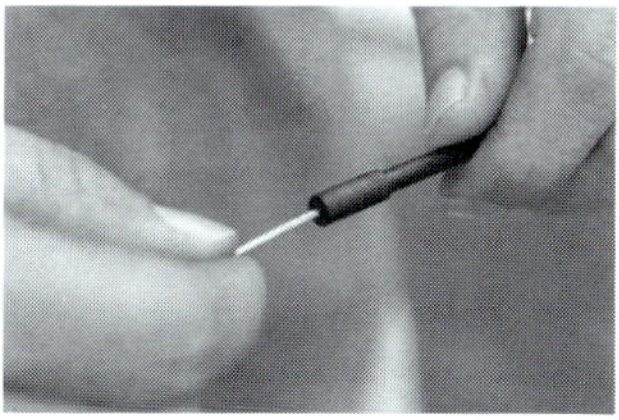

13 インナーワイヤーをアウターケーブルに通していく

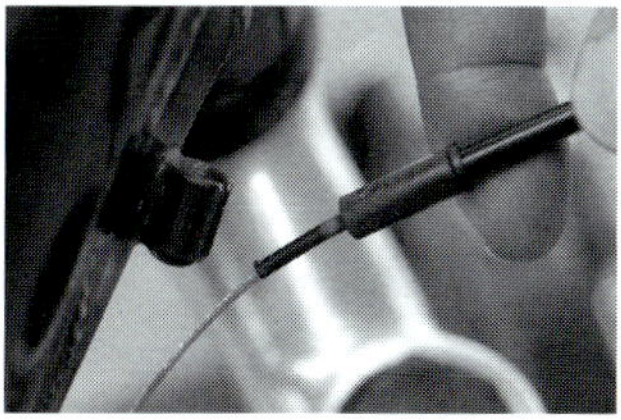

14 アウターケーブルをフレームのアウター受けにセットする

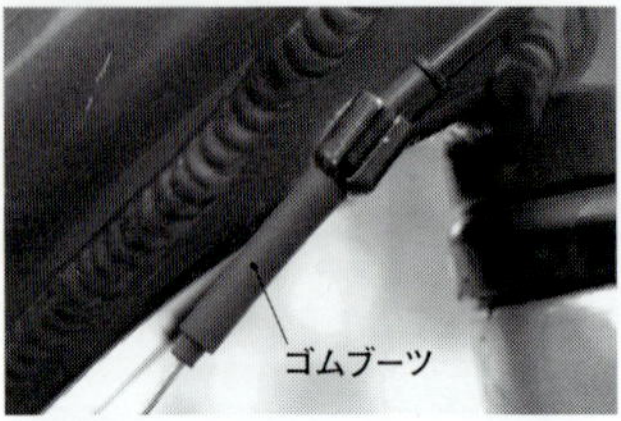

15 ゴムブーツを取付けると、アウターケーブル内に水などが入りにくくなる

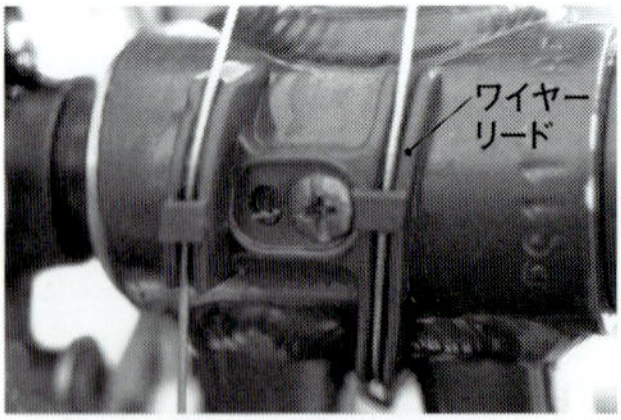

16 ワイヤーをBB下のワイヤーリードに通す

17 フロントディレイラーにワイヤーを固定する。このときにフロントはインナーギアに入れておく

18 アウターとカップなどの隙間を埋めるために、ワイヤーを手で引っ張っておく

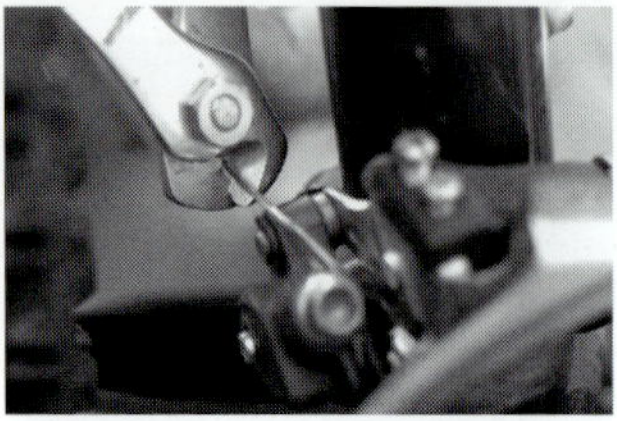

19 フロントディレイラーから飛び出しているワイヤーを3cmほど残してカットする

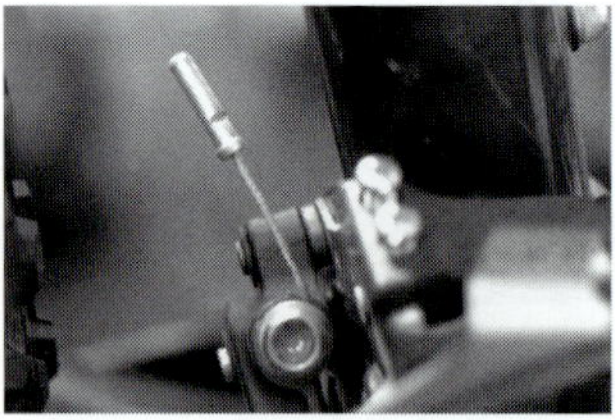

20 ワイヤーにキャップをかぶせ、プライヤーなどでつぶして固定する

21 シフトレバーのカバーをはめ、インデックス調整をする（フロントディレイラーは88ページ、リアディレイラーは90ページ参照）

チェーンがねじれた、切れた

走っていて、パンクと同じくらい起こりやすいのがチェーントラブル。チェーンの切り方、つなぎ方を知っておくと、こんなときにとても便利だ。チェーンの寿命やチェーンの構造もあわせて知っておこう。

チェーンの基礎知識

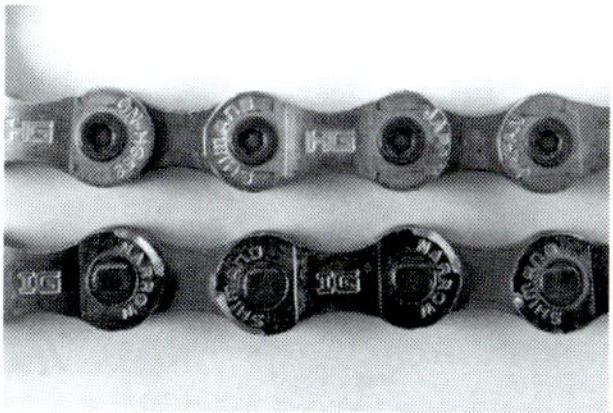

シマノのチェーンはHG（上・9段用）とIG（下・8段用）の2タイプがある。幅（厚み）が違うので互換性はない

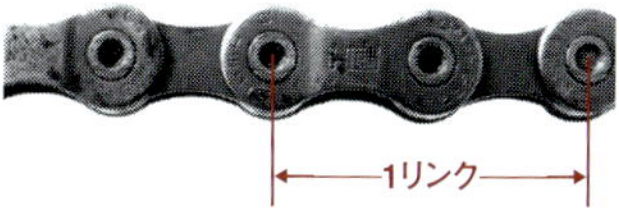

チェーンを切ったりつないだりするときは、1リンク単位となることを知っておこう

チェーンは使っているうちに伸びていく。引っ張ってチェーンリングの歯先が見えたら要交換

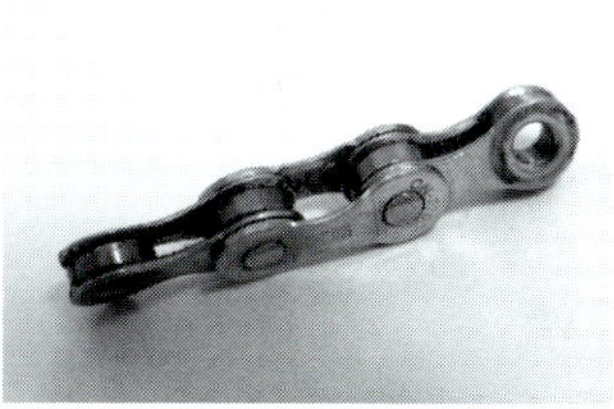

無理なギア比（85ページ参照）で力強くペダリングするとチェーンがよじれることもある。この部分は交換しよう

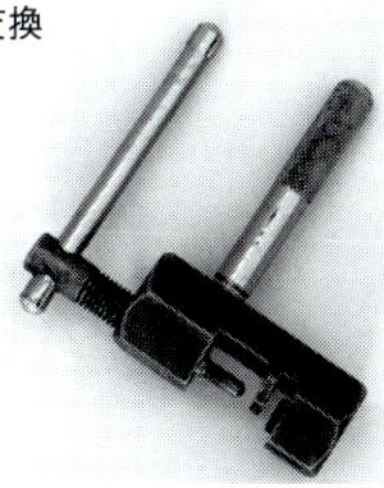

チェーンカッターといっても切断するものではない。ハンドルを回して、ピンを押し出して使う

コネクティングピンは上の長い方がIG用、下の短い方がHG用。チェーン同様、互換性はない

★コネクティングピン＝チェーンをつなぐときに使う小さなピン

チェーンを切る

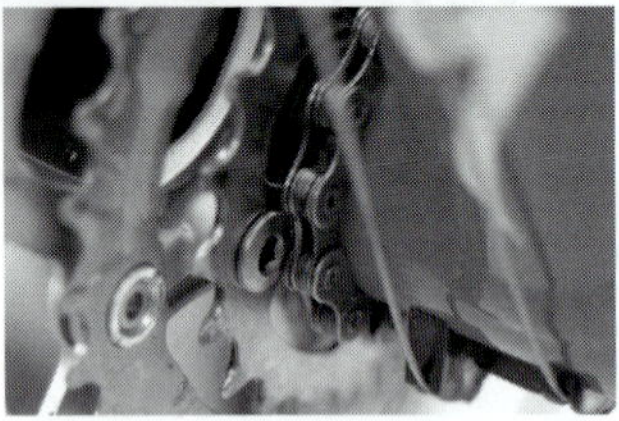

1 フロントギアの内側にチェーンを外しておく。チェーンにたるみが出て作業がしやすいためだ

2 黒いピンはコネクティングピンを入れた跡。ここは切らない

3 チェーンカッターをチェーンに装着する

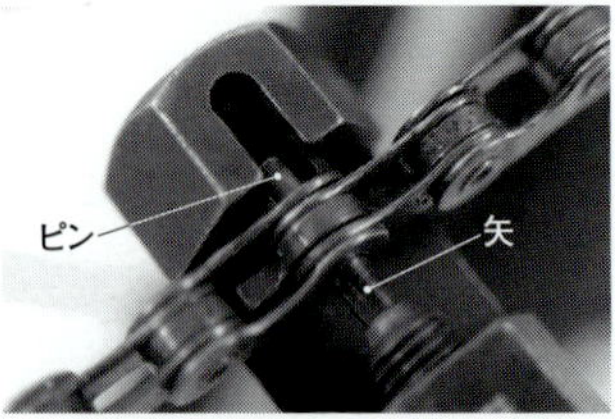

4 写真のようにチェーンカッターの矢の部分を、チェーンのピンに当てる

5 ハンドルを回して矢を押し込むと、ピンが押し出されていく

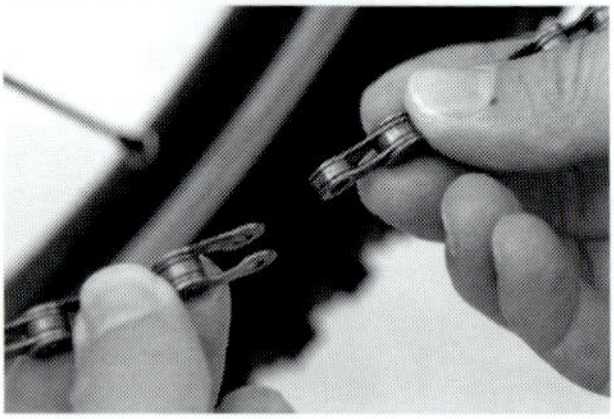

6 ピンがチェーンから抜けたら矢を戻して、チェーンカッターを外す。これでチェーンは切れた

7 ディレイラーなどのパーツからチェーンを外していく

緊急処置

走行中のチェーントラブル時で、チェーンカッターは持っていても、コネクティングピンがない場合は、ピンを最後まで押し出さないようにして外し、そのピンを押し込んでつなぐ。その箇所の強度がなくなるので、あくまでも緊急脱出用

チェーンをつなぐ

1 新品のチェーンは長めになっている。まずはチェーンの長さを決める。リアディレイラーを通さずにアウター×ローに入れる

2 チェーンの両端を重ね、2リンク分を残した長さが適正な長さ

3 余ったチェーンは切ってしまう。走行中に1～2リンクを携帯しておくと、トラブルのときに便利

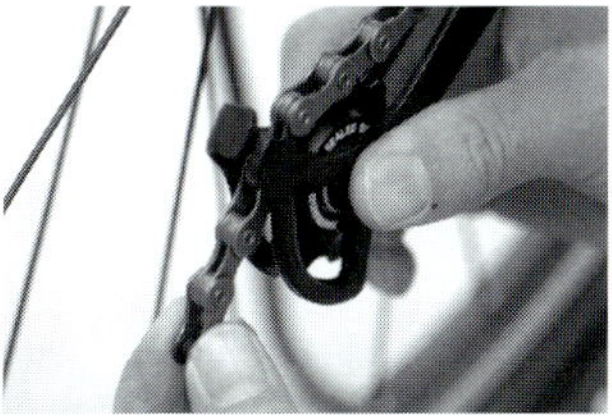

4 リアディレイラーにチェーンを通していく

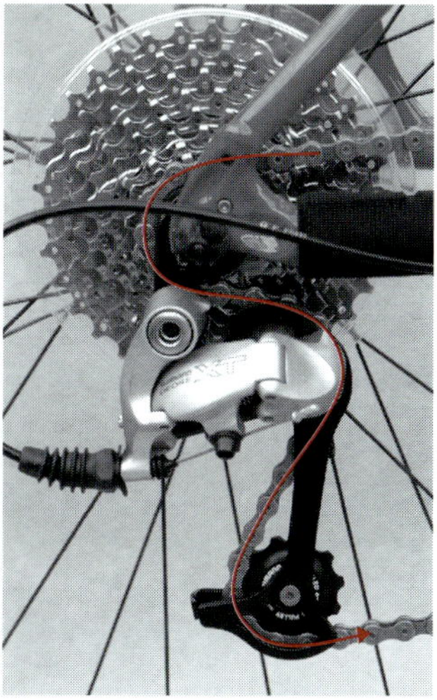

5 どのようにチェーンを通すかは、この写真の線を参照

6 リアディレイラーのプーリーケージの小さな出っ張りなどの中もしっかり通す

7 チェーンの両端を重ね、コネクティングピンを入れる

チェーンをつなぐ

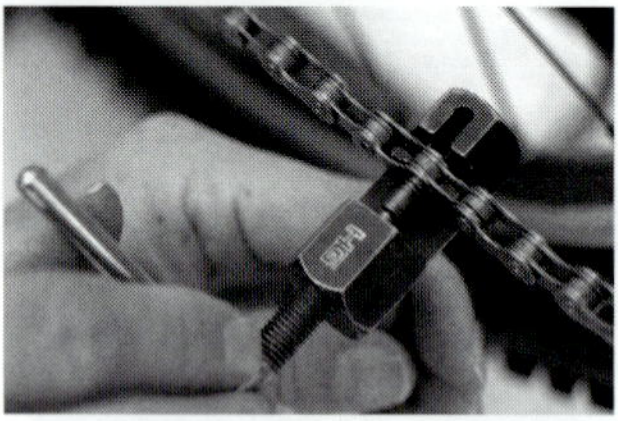

8 コネクティングピンにチェーンカッターの矢を当て、ハンドルを回して、ピンを押し込んでいく

9 コネクティングピンはチェーンに押し込まれるくらいになると、わずかだがカチッという感触がある。それ以上ハンドルを回してはいけない。そこでチェーンカッターを外す

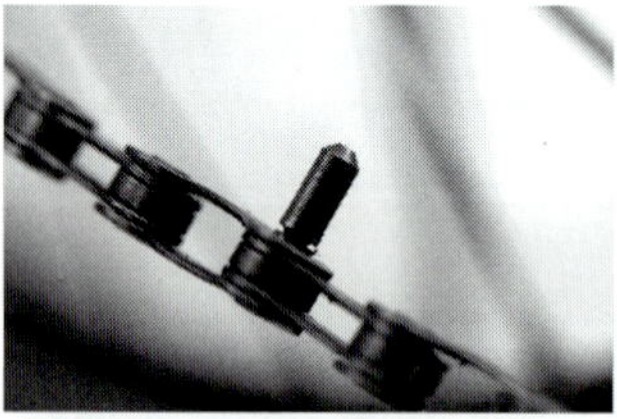

10 チェーンカッターを外した状態。コネクティングピンの先端半分が、チェーンから出て、後ろ半分がチェーンの中に納まっている。先端半分は折り捨てる

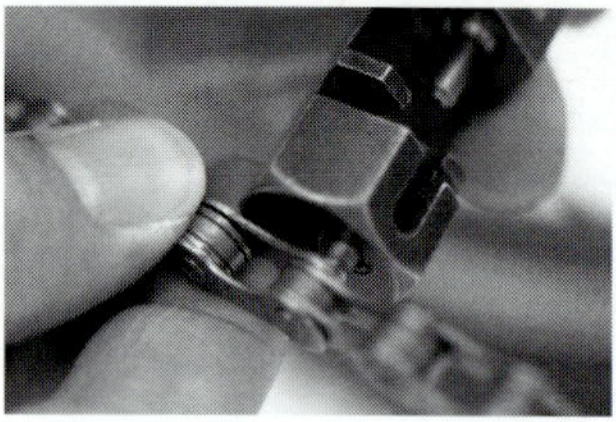

11 チェーンカッターのハンドルとは反対側に、穴が空いている。そこにチェーンから出っ張っているコネクティングピンの1段目を入れて折る。この作業はペンチなどを使ってもよい

12 つないだ部分は動きが悪いことが多い。滑らかに動くように、チェーンを手でこじっておく

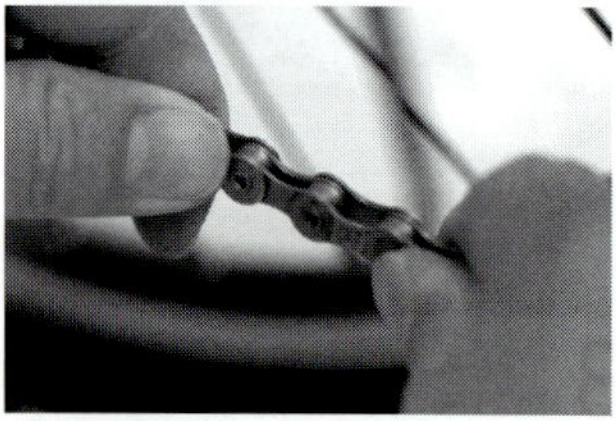

13 動きがスムーズになるように、横方向にもチェーンをこじっておく

第5章
ハンドルとサドル

乗車ポジション
ハンドルバーの交換
ハンドルステムで高さ調整
ハンドルグリップの脱着
バーエンドの取付け
ドロップハンドルの調整
サドルの高さ調整
走行中の辛さからの解放

楽に走る乗り方、ポジションが分からない

自転車の乗車姿勢は、ハンドルポジションの違いによって、リラックスからストイックポジションまで変化させることができる。ハンドルの幅、高さと遠さ、バーエンド装着による違いを見てみよう。

自分がどのくらいの前傾姿勢で乗っているかというのは、客観的に見る機会はあまりないが、真横から写真を撮ってもらうと分かりやすい。サドルの高さとヒザの曲がり具合の関係（117ページ参照）や、上半身の角度などをチェックしてみよう。水平のラインから見て、上半身と腕が45度、脇が90度になるのは、のんびりスポーツ走行の目安だ

ハンドルの幅

ハンドル幅の好みは、走り方によって変わる傾向がある。ペダリング重視にすると、ハンドルの引きつけが優先となり、ハンドル幅は狭くなる。逆に下りなどコントロール重視では、広い方が安定する。新品のMTBのハンドル幅はかなり広め。そのままで使っていると、上りで手首や上腕が疲れやすいことがあるが、バーをカットする（107ページ参照）と驚くほど快適になる。右写真のライザーバー（107ページ参照）は、アップライトなポジションを出すためだが、ハンドルへの角度が手首に対して自然なために、好んで使う人も多い

★ライザーバー＝幅広で左右がせり上がった形のハンドルバー

ハンドルの高さと遠さ

ハンドル位置が高いほど、リラックスできて呼吸も楽。また、手首、腕、首、背中、腰などの疲れやすい場合や、お腹が出ている人で腹部に圧迫感がある人は、ハンドル位置を上げることで、より快適になる。このときに腕にかかっていた体重のいくらかがお尻に移動するので、お尻の痛みが出る場合もあるが、そんなときは120ページの「オシリが痛いを考える」を参照。低くて遠いポジションは、ストイックに走るには向いている。ペダリングと同時にハンドルを引きつけることが有効。ハンドル位置が低くて遠いと、それがやりやすい

バーエンドによるポジションの違い

ハンドルの高さと遠さは上に紹介したとおりだが、それを1台のバイクで行なってしまえるのがバーエンドだ（装着方法は114ページ参照）。これによって、グリップを握っているとリラックスポジション、バーエンドを握っているとストイックポジションとなり、平地での高速走行や、上り坂などで有利となる。特に急な上り坂では重心を前寄りにすると効率的だが、このときにバーエンドがあると、自然な重心移動ができる

★バーエンド＝ハンドルバーの両端につける角のように突き出したパーツ

ハンドル幅がカラダにしっくりしない

ハンドルバーの角度や幅は、カラダにフィットしないと疲れ方や乗りやすさなどに大きく影響する。ぴったりのものを探したい。ハンドルバーもカラダに合わせて切って使うものだ。

ハンドルバーの交換

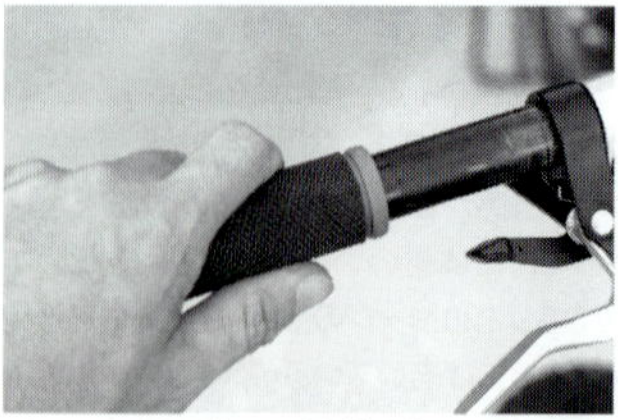

1 ハンドルグリップを抜く（112ページ参照）

2 5mmのアーレンキーを使って、シフトレバーとブレーキレバーを緩めて、ハンドルバーから外す

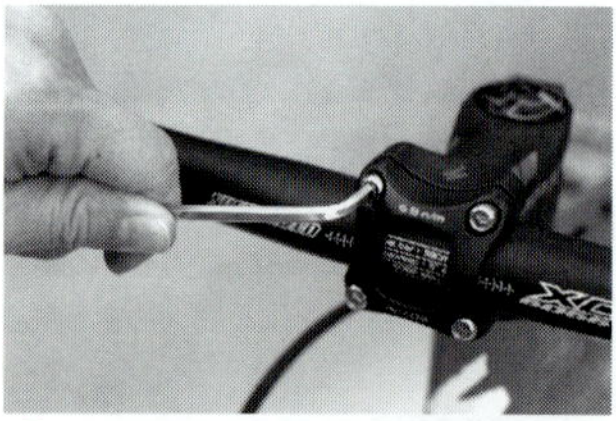

3 ステムのハンドルバー固定ボルトを外すと、ハンドルバーが外れる

4 はめるときは逆の手順で。ハンドルとステムのセンターをしっかり合わせることが大切

ハンドルバーの角度

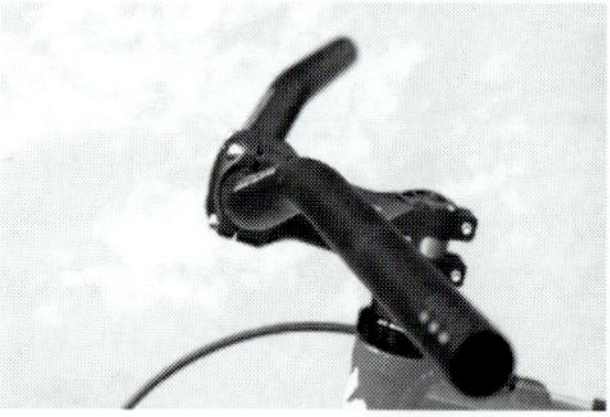

どのハンドルバーにも微妙なベンド（曲がり）がついている。ちょっとした角度の違いによって、乗りやすさや自転車のルックスも大きく変わる。自分のカラダ、腕にしっくりくる角度を探してみよう

★ステム＝ハンドルとフレームを固定するパーツ

ハンドルバーの種類

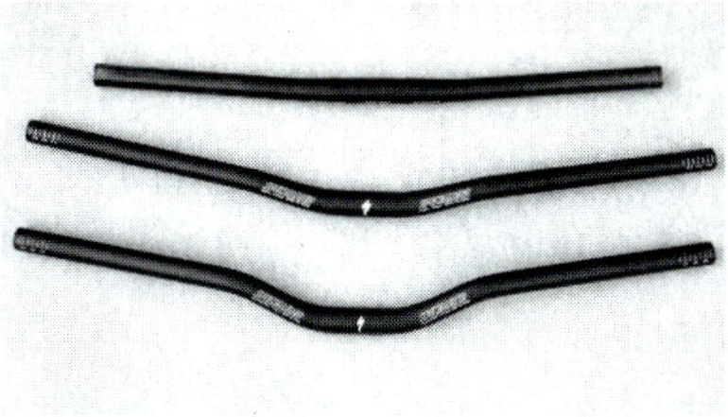

フラットバー（上）、ローライズバー（中）、アップライトバー（下）など、角度、幅ともにいろいろなタイプがある

広い	←ハンドル幅→	狭い
よい	コントロール	悪い
悪い	ペダリング	よい

ハンドルバーを切る

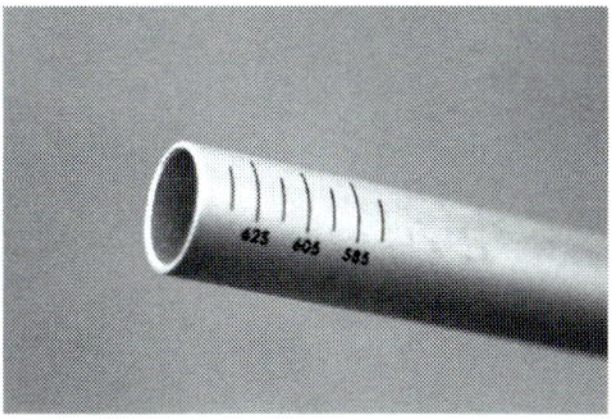

1 ハンドルバーは好みの幅にカットして使うもの。目盛りがついているのはそのためだ

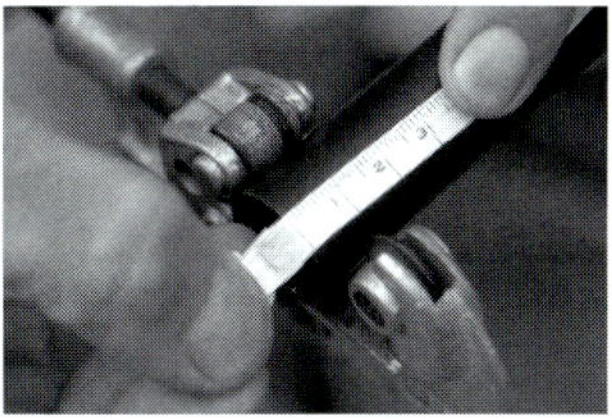

2 パイプカッターを使うと簡単にカットできる。ハンドルのセンターからの長さを測っておこう

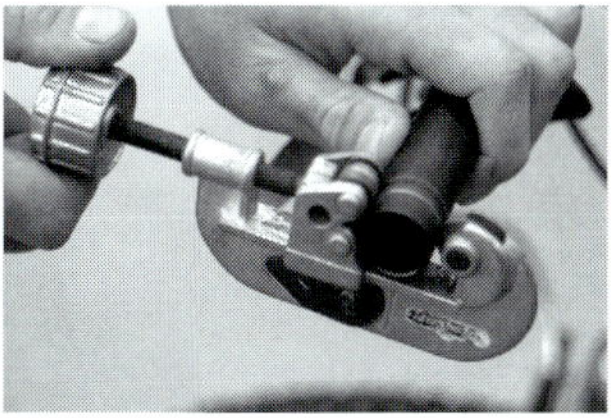

3 パイプカッターの歯を当てて回転させていく。刃先にオイルをつけると、よりスムーズに切れる

4 パイプカッターを回転させていくと、鉄ノコよりも簡単にカットできる

5 カットした後のハンドルの切断面は荒れている

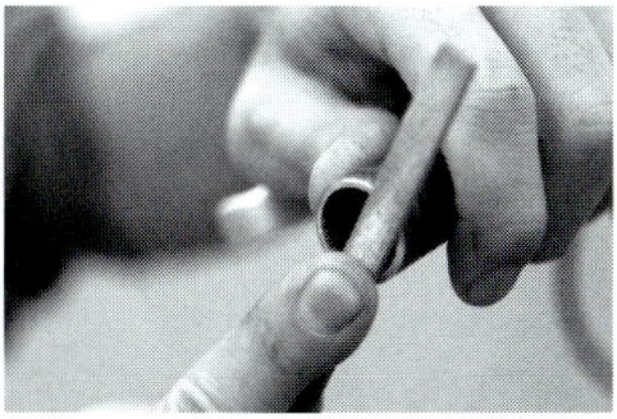

6 切断面はヤスリがけをしてきれいに仕上げておこう

ハンドルの高さを変えたい

ステムのタイプには2種類あって、主流は最初に紹介するアヘッドステム。
アーレンキーだけでメンテナンスできるのが特徴だ。
もうひとつのノーマルタイプのステムも併せて紹介しよう。

ステム周辺の名称

アヘッドタイプのステムは、ハンドルを支えるとともに、ヘッドパーツの締めつけ具合を調整するパーツでもある

エクステンションの短いステムに変えると、ハンドル位置は近くなる

ステムの根元にあるスペーサー。この位置を変えることで、ハンドルの高さを合わせることができる

★エクステンション＝ステムの突き出しの長さ。サイズはいろいろ

ステムの変化による ハンドル位置の違い

4枚あるスペーサー（自転車によって違う）をすべてステムの下にセット。最もハンドル位置が高い

2枚のスペーサーをステムの上に持ってきた。1cmほどハンドル位置が下がった

4枚のスペーサーすべてをステムの上にセット。ハンドル位置は最初より2cm下がった

さらにステムを裏返すという方法もある。最初よりも3cmほどハンドル位置は下がる

ステムを外す

1 4mmか5mm、あるいは6mmのアーレンキーで、サイドの固定ボルトを緩める

2 5mmアーレンキーで引き上げボルトを外す

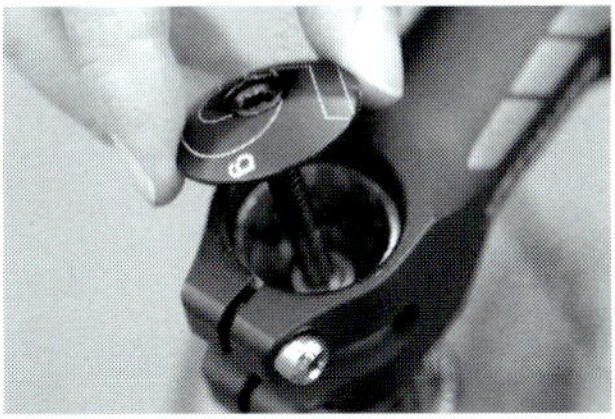

3 トップキャップを外す

4 ステムが外れた状態。この状態でフレームを持ち上げると、フロントフォークが抜けるので注意

ステムを取付ける

1 ステムを装着し、トップキャップを軽く締める。このときは引き上げボルトを軽く締めていき、手応えがあったところから30〜45度回す

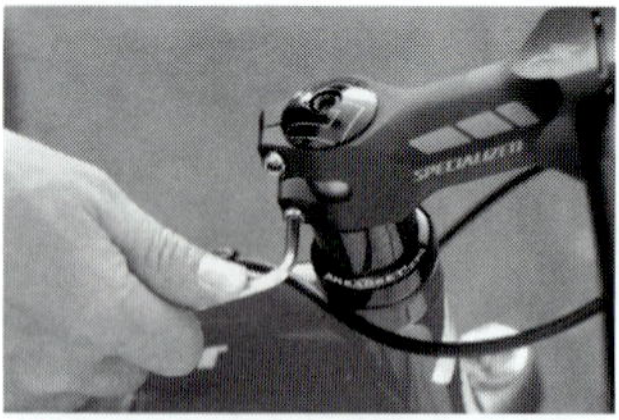

2 ステムのサイドの固定ボルトを仮止めする

3 前輪のブレーキをかけた状態で、前後に動かしてみる。ヘッドパーツからコツコツという当たり（ガタ）がないことを確認する。あれば①に戻って、引き上げボルトをさらに少しだけ締めてみる

4 ③までできたら、前輪を10cmほど浮かせて、自然にハンドルが切れていくかどうかチェックする。こうならなければ締めすぎ。①に戻って、緩めにステムを固定して同じ作業を繰り返す

5 ガタがなく、ハンドルがスムーズに切れる状態になったら、ホイールに対してハンドルを90度の状態にして、ステムの固定ボルトをしっかりと締めて固定する

旧タイプのステム

アヘッドタイプのステムは、ステムを外すとヘッドパーツの調整も行なわなければならない。ノーマルステムはヘッドスパナという専用工具が必要だが、調整はそれほど頻繁でなくてもよい。ステムの上げ下げが無段階にできるので、ハンドルの高さの微妙なセッティングも可能。ポジションが自在に変えられるのがノーマルタイプのメリットでもある

ステムの上げ下げ

ノーマルステムはステムの引き上げボルトをアーレンキーで緩めて扱う

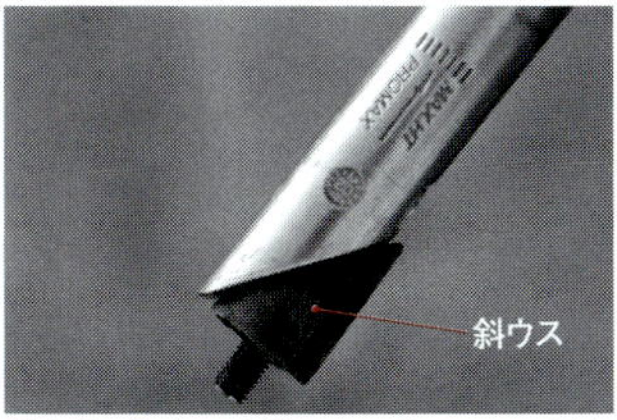

引き上げボルトを締めることで、この斜ウスがずれ、内側から突っ張るようにして固定される

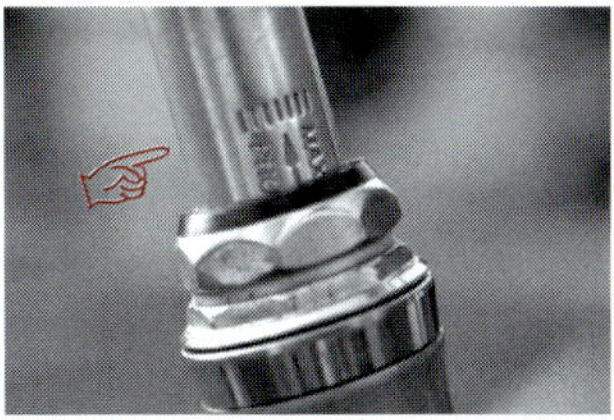

上限のラインまでは、ステムを上げることができる

ヘッドパーツのメンテナンス

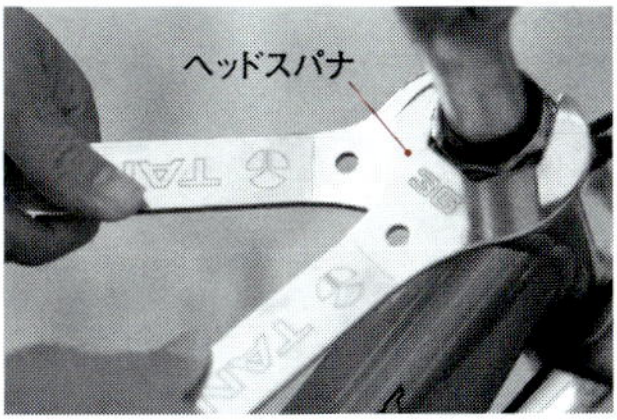

アヘッドタイプのステムは、引き上げボルトの調節によって、ヘッドパーツの固さを調整するが、ノーマルタイプは玉押しで調整し、ロックリングで固定する。調整は玉押しでほどよい締め具合を出し、ヘッドスパナで玉押しを固定したまま、もう1枚のヘッドスパナでロックリングを締め込む

グリップが走行中に突然抜けた!

MTBやクロスバイクなどのフラットバーの自転車についているグリップが走行中に抜けると、必ず転倒するので危険度は高い。
そうならないために、しっかりグリップを固定しておこう。

危険なグリップ

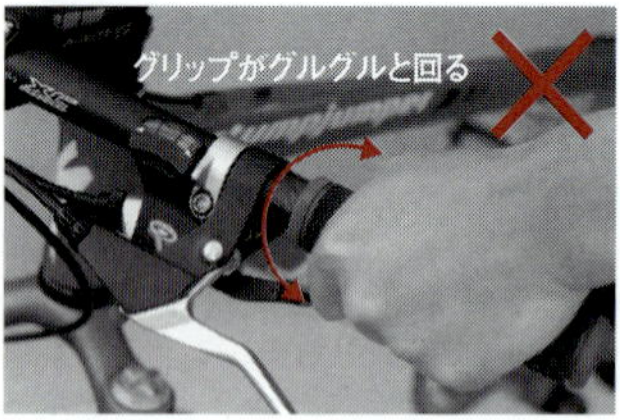

走っていてグリップがグルグル回り出したら、いつ抜けてもおかしくない。危険信号だと考えよう

グリップの内側に水などが入り込んだりすると、スッポリとグリップが抜けてしまう。とても危険なことだ

ハンドルバーがむき出しのままだと水が浸入しやすい。また転倒時にこの部分をカラダにぶつけると危険

グリップを抜く

1 ハンドルバーとグリップのすき間に潤滑オイルを流し込む

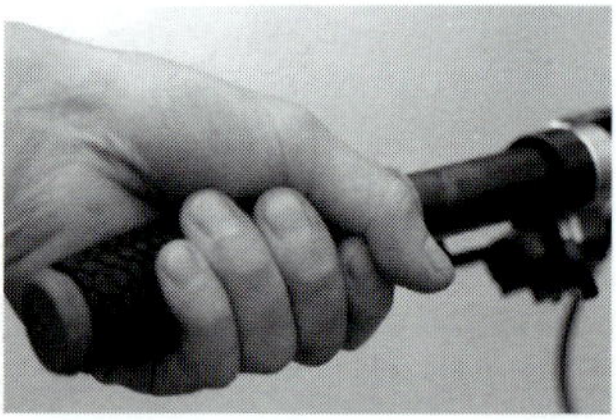

2 潤滑オイルが染み渡ると、グリップは抜ける

再び使う予定がないグリップならば、カッターナイフで切ってもよい

★フラットバー＝角度の少ないほぼ水平なハンドル。P107参照

グリップの種類

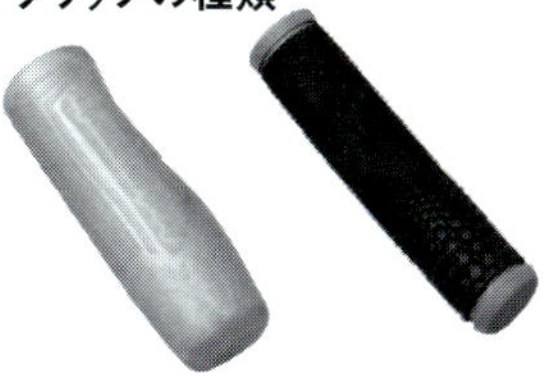

サドルやペダルと同様、グリップはカラダに直接触れる数少ないパーツ。乗り心地を大きく左右する。好みの太さや形状のグリップを探してみよう。グリップは太さや形状、そして色などバリエーションに富んでいる。一見、太目の方がクッションがよく握りやすそうに思えるが、柔らかいものはしっかりと握るために握力が必要となる。腕が疲れやすい場合は、細めのものに変えてみると腕の疲れが解消する場合もある

グリップを入れる

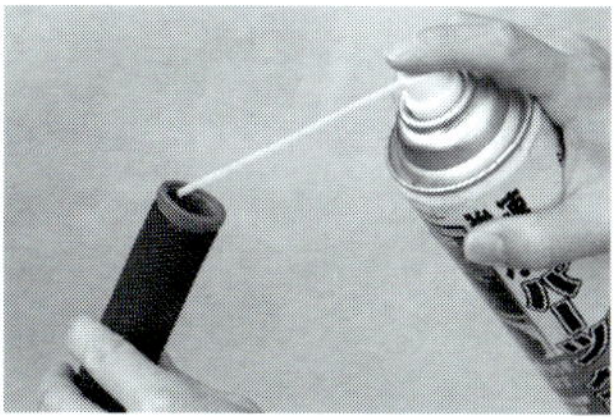

1 ハンドルバーの表面とグリップの内側に付着した油分をパーツクリーナーなどを使って取り去る

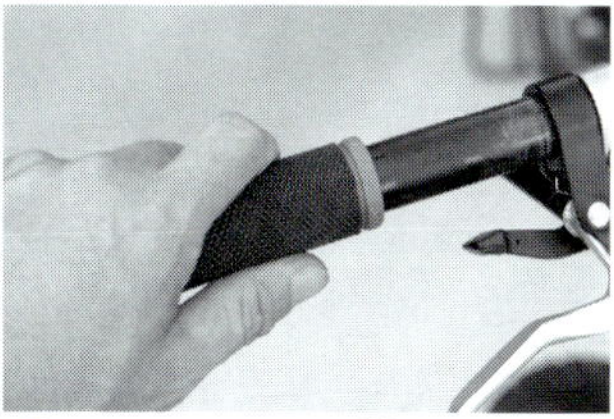

2 パーツクリーナーが乾かないうちに、素早くグリップをハンドルバーに差し込む

グリップの固定方法

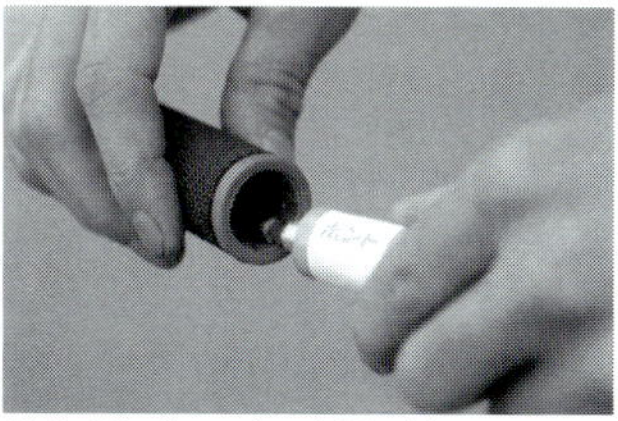

接着剤をグリップの内側に塗っておくと、よりしっかりと固定される

ハンドルバーとグリップのすき間にビニールテープを巻いておくと、水などが浸入しにくくなって効果的

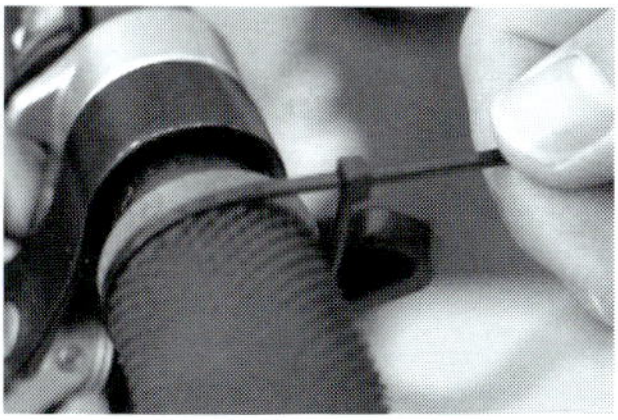

グリップの内側部分をタイラップや針金などで縛る方法も効果的だ

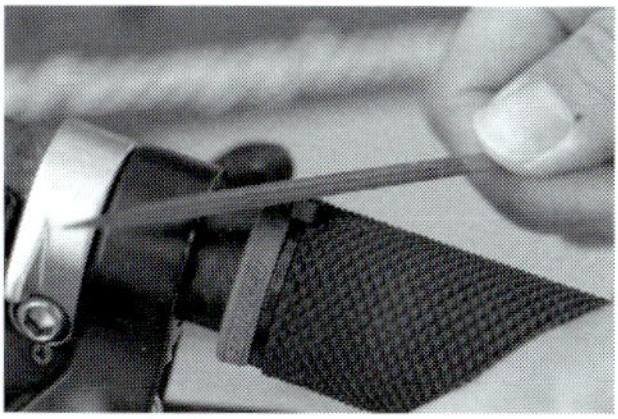

タイラップを使う場合、切断後の末端はとがっているので、ヤスリがけしておこう

いろいろなポジションが取れるバーエンドを取付けたい

MTBのフラットバーは1箇所しか握るところがないので、長時間乗っているとカラダの同じ場所にストレスが溜まりやすい。バーエンドを取付けると握り替えもできてリラックスできるメリットがある。

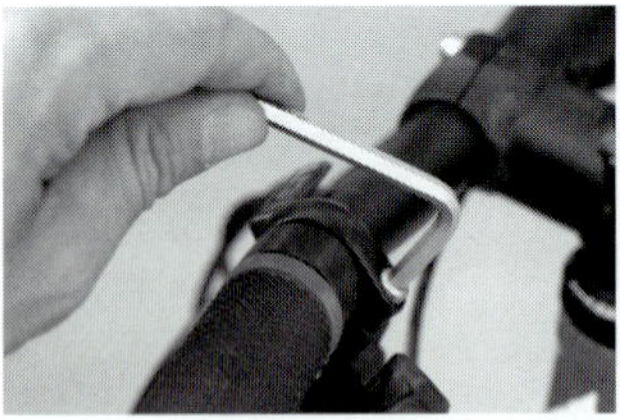

1 ブレーキレバーとシフトレバーの取付けボルトを緩める

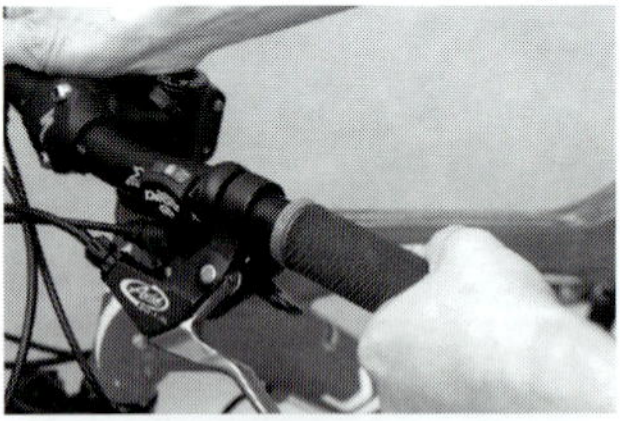

2 グリップを抜く（112ページ参照）

3 グリップの端をカッターナイフで切り落とす

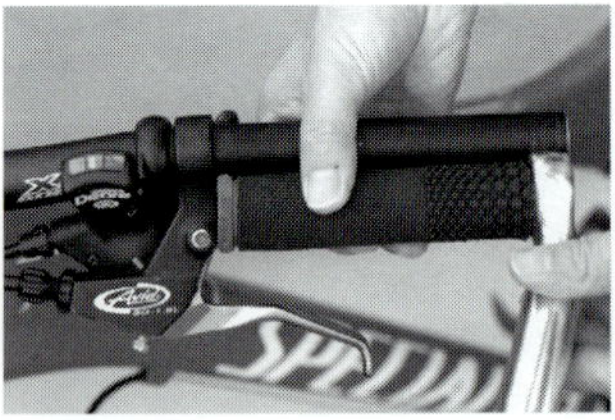

4 ハンドルバーにグリップとバーエンドを当て、ブレーキレバーとシフトレバーの位置を決め、固定する

5 グリップを挿入する（113ページ参照）

6 バーエンドを装着し、ボルトを締めて固定する。握りやすいバーエンドの角度を探してみよう

ドロップハンドルで楽に乗るには

ドロップハンドルというとレースのイメージが強いせいか、
深い前傾姿勢のセッティングにしている人が多い。だが楽しんで乗るには、
きつすぎる前傾姿勢は辛いもの。快適なポジションを探そう。

ポジションの違い

写真のように深い前傾姿勢はレースで見かける設定。慣れないと腰や背中にストレスを感じることが多い

ハンドルの取付け角度を少し変えただけで前傾具合はこれだけ違う。かなりリラックスして乗れるはず

ハンドルの角度

ブレーキブラケットが写真の位置では上のような前傾姿勢になる。レースの世界でも少なくなっている

ハンドルの上面とブレーキのブラケット部分（ゴムの握り）が水平になると、快適度はアップする

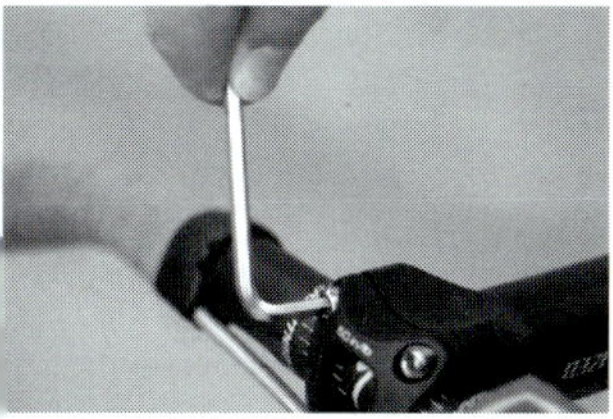

ハンドルの角度調整はステムのボルトを緩めて行なう

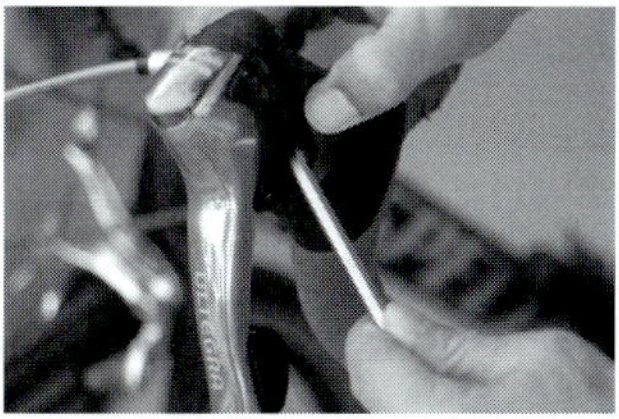

レバー位置を調整するには、ブレーキのブラケットの中に隠れているボルトを緩めて行なう

★ドロップハンドル＝ロードバイクについている先端が曲がっているハンドル

ヒザや太ももが疲れやすい もっと楽にペダルを踏みたい

軽快にペダリングしたいけれど、長時間乗っているとヒザや太ももが疲れやすいというときには、まず最初にサドルの高さを見直してみよう。ペダリングを優先させるときはサドルは高めが基本なのだ。

サドルの高さ

ペダリングを最優先したサドルの高さは、シートチューブの延長線上にペダルをセットして、ペダルシャフトと母指球を重ね(124ページ参照)、わずかにヒザが曲がる程度。MTBでバイクコントロールを重視する場合は、これよりも多少低めにする

高さ調整

クイックレバータイプ

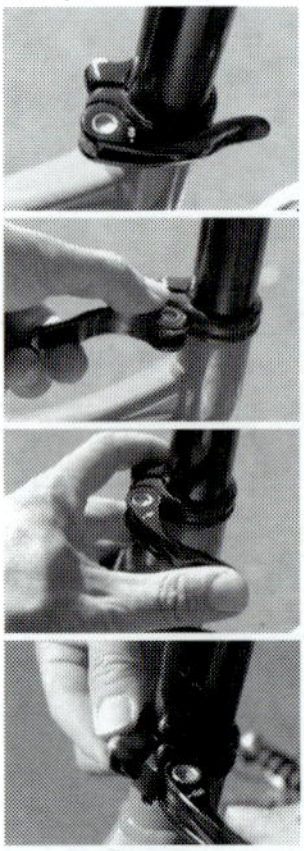

ボルト固定タイプ

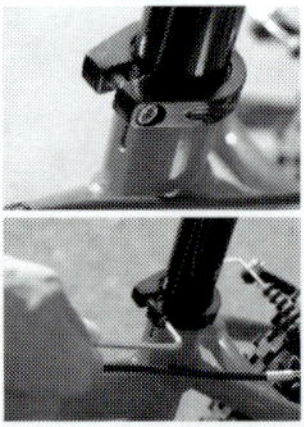

シートポストを固定するクイックレバーは、ホイール用と同様に回して使うものではない。押し込んで締まり、引っ張って開ける。ボルト固定タイプは、ボルトのサイズに合ったアーレンキーで調整する

乗り降りのコツ

いきなりサドルにオシリをのせると地面に足がついていないので怖い。乗り降りの際はサドルの前に立つようにすると高めのサドルでも怖くはない

★ペダリング=ペダルを回転させること。一定のリズムで回転するのがベスト

高めのサドルの脚の動き

関節の動きを表す線を見てみよう。左ページで紹介したペダリングを優先した高めのサドルの場合、脚は適度に伸ばされるのと、ヒザが深く曲がり過ぎないので、関節と筋肉への負担が少ないことが分かる

低めのサドルの脚の動き

低くセットした場合、関節も深く曲がり、また伸びることもない。中腰で歩行しているのと同じと考えてよい。このため、関節そのものと筋肉への負担が大きくなり、非効率的で疲れやすい

サドルの角度

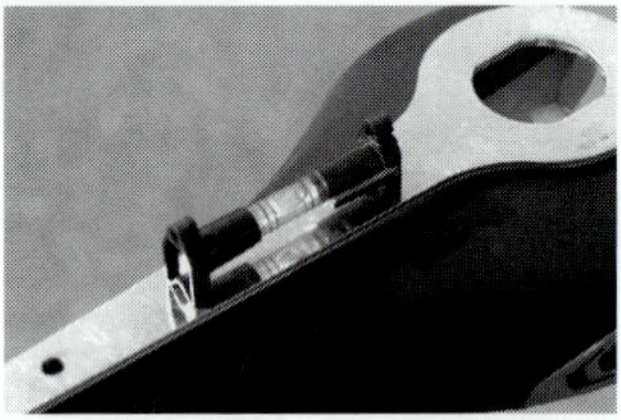

オシリが痛むときはサドルの角度チェック。水準器を使い水平の状態が基本

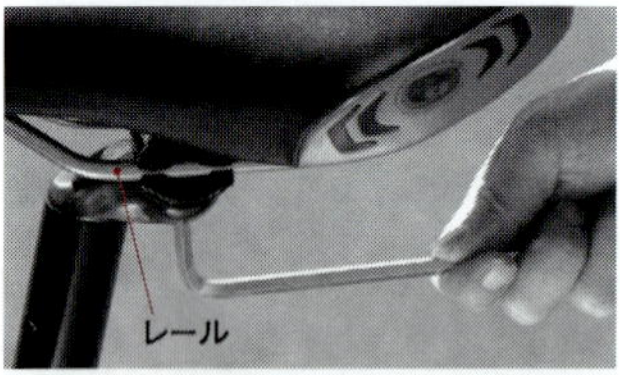

サドルの角度調整は、サドルの裏側にあるサドルのレールを固定しているボルトを緩める。サドルに力がかかったときにギシギシと音がするときはサドルの固定部分やボルトにグリスを塗る

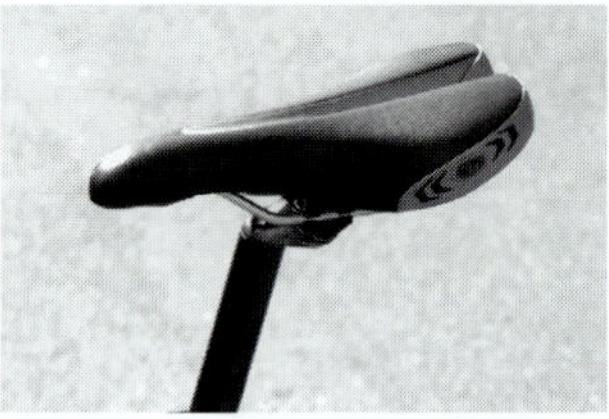

痛みを感じるときには、若干の前上がりにセットすることで、驚くほど痛みが解消することも多い

前上がりで低めにセットすると、サドル上に立ったときに股下に余裕が増え、取り回しやすくなる

サドルの前後位置

左右のペダルを水平にして前のペダルのシャフトとヒザの位置でサドルの前後位置を決める。これは「前乗り」で回転重視のペダリング向き、逆に「後ろ乗り」は踏み込み重視のペダリング向きで、スネが垂直になるくらいサドルを後ろにする。この範囲で乗りやすい位置を探そう

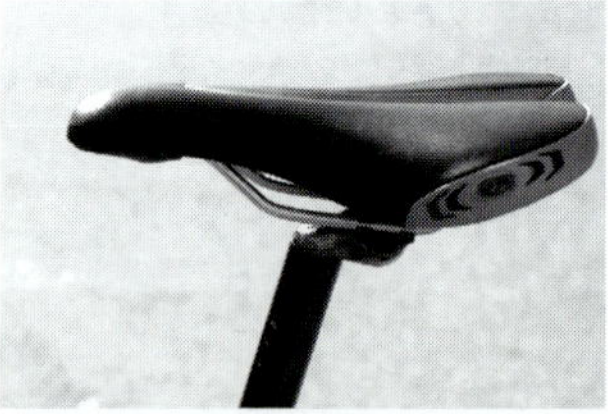

サドルを最も前に出した状態。サドルはハンドルの位置が遠いから前に出すのではなく、あくまでもペダリングのしやすさを優先させよう

最も後ろにサドルをセットした状態。前後5cmほど移動させることができる

サドルの形状

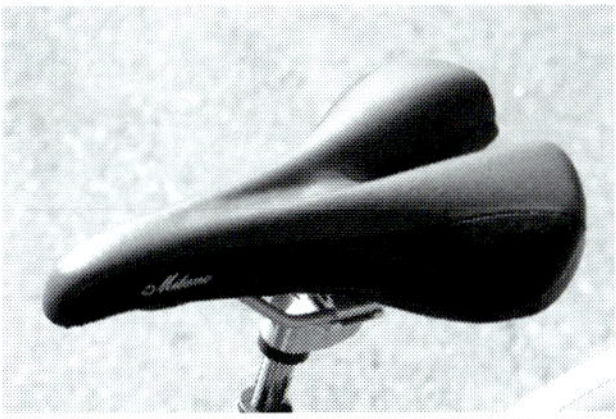

セッティングを見直してもオシリの痛みが消えない場合は、サドルの交換を。個人差が大きいので、どのサドルが一番とはいえないが、のんびり走るほど幅広で柔らかめという傾向がある

シートポストの注油

シートポストの挿入部分に、グリスを塗っておくと、雨などがすき間から入りにくくなる

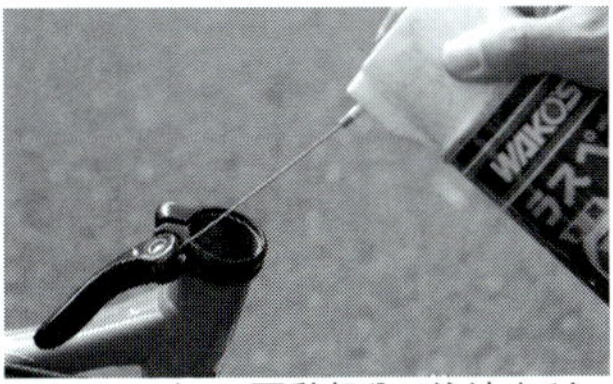

クイックレバーの可動部分に注油すると、レバー操作は柔らかくなる

シートポストのタイプ

シートポストのサドル取付け部分が後ろ寄りのものもある。サドル位置を後ろにするライダー向けだ

シートポストの長さ

シートポストにはMAXラインが印してある。フレームに取付けるときはこのマークより上部で固定すること

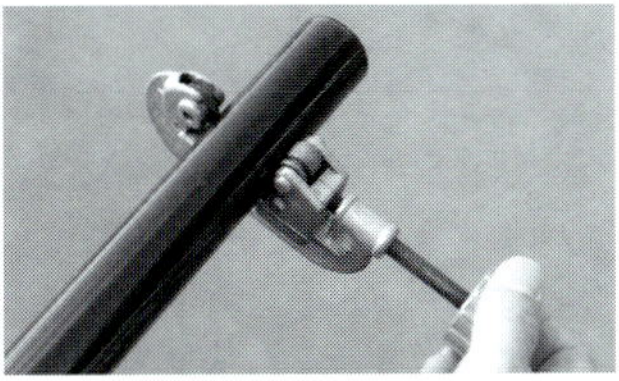

シートポストが長すぎる場合はカットしてもよい。断面はヤスリできれいに仕上げておく

カットする場合、最低でもシートポストの直径の3倍分の長さが、フレーム内部に納まるようにする

★シートポスト＝サドルから伸びているパイプで、フレームに取付ける

“オシリが痛い”を考える

パッド

ワセリン

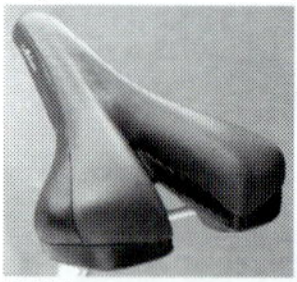
サドル

シートポスト

自転車＝オシリが痛い、とイメージする人は意外と多い。買い物用自転車は、体重のほとんどがサドルにかかるため、オシリが痛くなりやすい。その点スポーツサイクルは、ハンドルとサドルに体重が分散されるので痛みは軽減されるが、乗車時間が長いと、結局は痛くなりやすいともいえる。

オシリの痛みは、路面からの振動、摩擦、圧迫、ポジション不適合、サドルの形状の不具合等々。痛みの原因がどれかによって、解決法を考えてみよう。

ほとんどのバイクパンツは、振動と摩擦を軽減してくれるパッドつきだ。これは素肌につけるのが基本。バイクパンツの中にコットンの下着を着る人がいるが、汗などにより摩擦が増えて逆効果になる。

パッドにワセリンや専用クリームを塗ると、摩擦による痛みが格段に減る。慣れないと抵抗があるが、試す価値は大いにある。

走行中にたとえ一瞬でも、立ち漕ぎを入れることも重要だ。走行時は常にオシリが圧迫されているので、その圧迫から解放して、血流をよくしてあげるためだ。

また、ポジションによっても、痛みが驚くほど消えることがある。特に尿道周辺に違和感のある場合、サドルを若干前下がりにすることで解消したという人が多い。シートポストもカーボンやショック吸収機能を持ったものがある。

最後に、サドルとオシリとの相性もある。柔らかさや幅、尿道部分が当たらない形状などさまざまなので、痛みを感じる場合には、他の人のサドルに試乗させてもらうのもよいだろう。

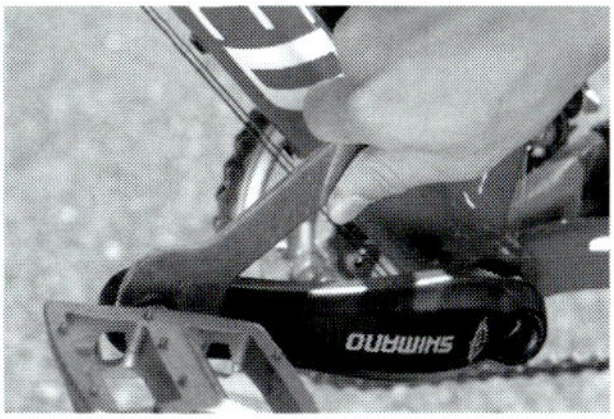

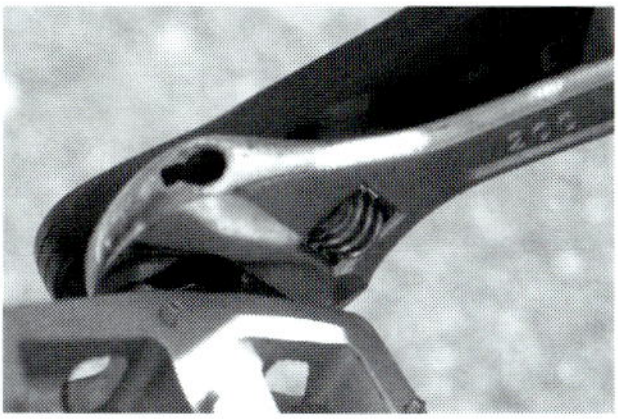

ペダルの脱着のためにはペダルレンチが必要。モンキーレンチは厚みがあるので、クランクとのすき間に入らないことが多いからだ

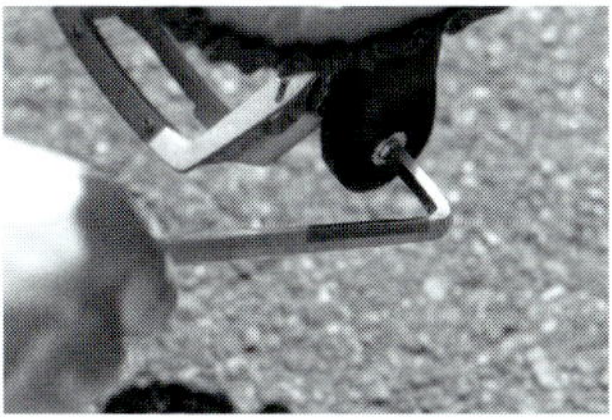

ペダルシャフトの裏側から、アーレンキーで回して外すことができるタイプもある

ネジ山にグリスを塗っておくと、クランクへスムーズに入る。固着しづらくなるので、外すときも容易になる

簡単にペダルをはめるコツ

クランクにペダルシャフトを挿入し、何回転か回したら、ペダルレンチを使ってクランクを後ろ回しにする。こうすると素早く簡単にペダルをはめることができる

ビンディングペダルでヒザが痛くなった

ビンディングペダルは、シューズを機械的に固定するもので、
効率的なペダリングのためには非常に効果的。
そのためにはクリート(シューズ裏の金属の爪)位置のセッティングが重要だ。

クリートの調整

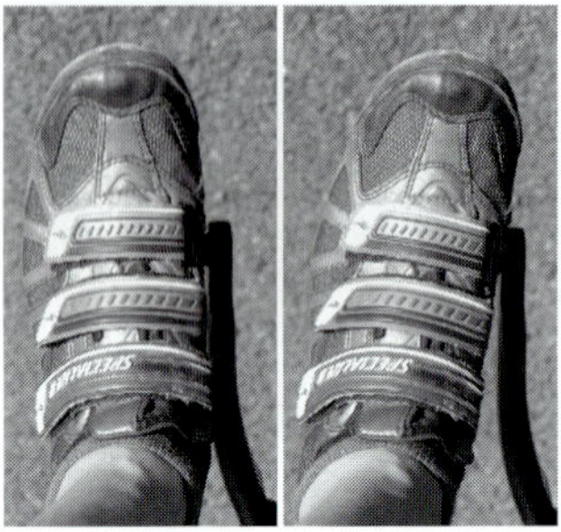

クリートの角度や前後位置によって、ペダル上のシューズの位置が決まる。シューズがまっすぐになるのが基本だが、骨格には個人差があるので、何度も微調整して、無理なくペダリングできるクリート位置を探そう

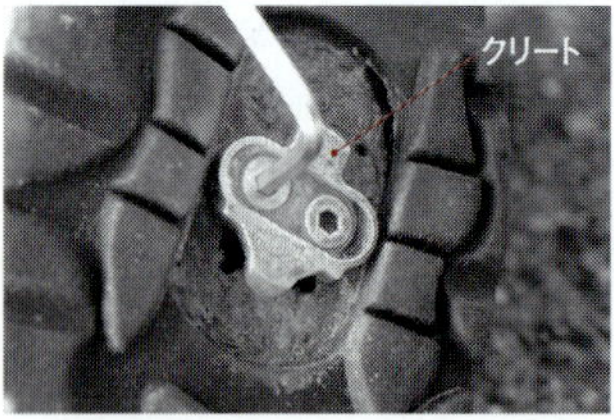

クリートは4mmアーレンキーを使って、前後と左右の角度調整ができる

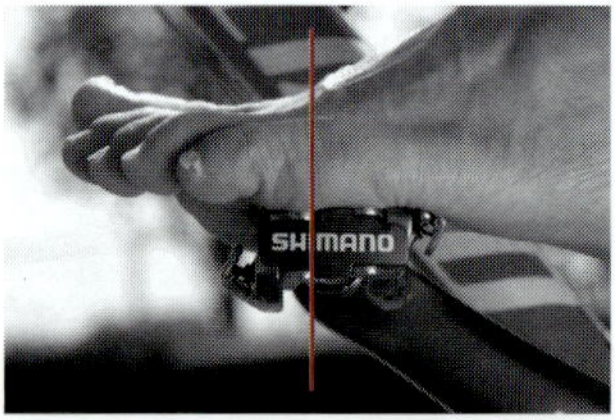

指のつけ根の骨とペダルシャフトが重なる位置にクリート位置をセットするのが基本

ペダルを固定する固さは、ペダルについている調整ボルトで変えることができる

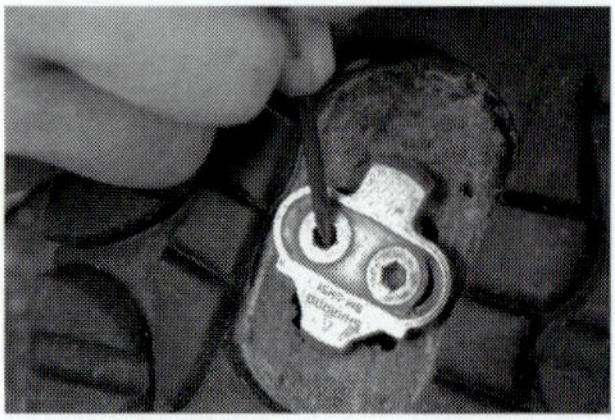

クリートのボルトの穴はドロで固まりやすいので、定期的にニードルなどでクリーニングする

★ビンディングペダル＝シューズの裏についた専用の金具が固定できるペダル

クランクを外したい、はめたい

チェーンが噛み込んだときや、BBの増し締め、
チェーンリングの交換など、何かとクランクの脱着の機会はある。
専用工具を使うので難しそうだが、やってみると意外と簡単なのだ。

クランク脱着のケース

チェーントラブルからチェーンリングの歯がゆがんだときには、まずクランクを外すところから始まる

ロードバイクのクランク。左が小さな歯数のコンパクトドライブ。交換するときも最初にクランクを外す

クランクシャフトのタイプ

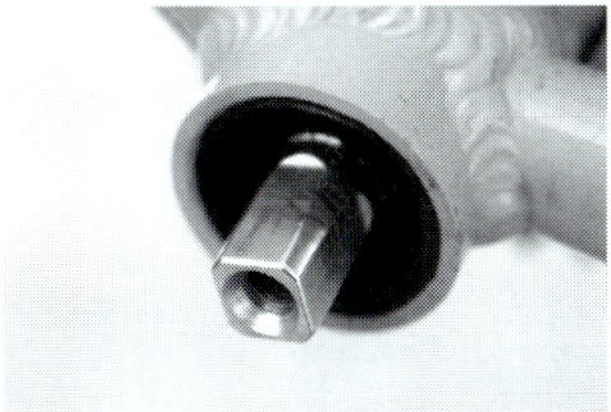

もっとも普及しているスクエアタイプ

一般的になりつつあるオクタリンクタイプ

クランク抜き工具と、オクタリンク用アダプター

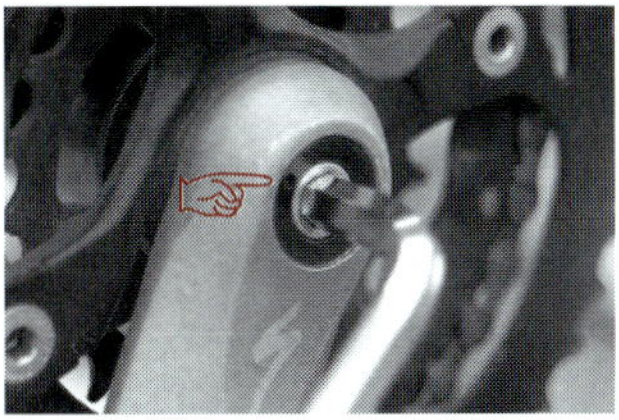

ワンキーレリーズタイプはクランク抜き工具を使わず、8mmアーレンキーだけで脱着ができる。クランクを固定するボルトの回りに、小さな穴が2つ開いているのがそれだ

★コンパクトドライブ＝前ギアの歯数が少ないタイプ。楽なペダリングも可能

クランクを外す

1 8mmアーレンキーで、クランクのボルトを緩める。旧タイプのクランクは緩め方が異なる場合もある

2 8mmアーレンキーでクランクのボルトを外すと、その奥にクランクシャフトが見えてくる

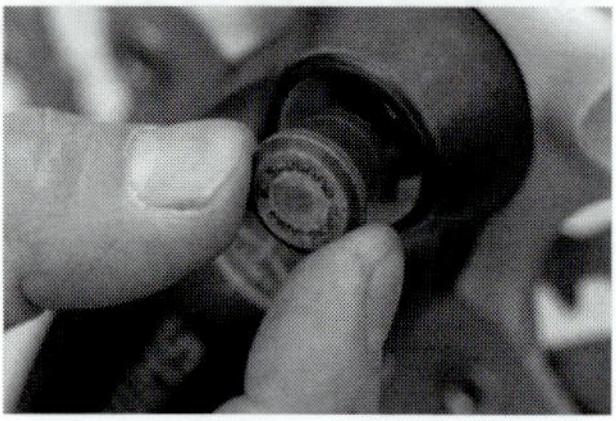

3 オクタリンクタイプのクランクは、オクタリンク用アダプターを挿入する

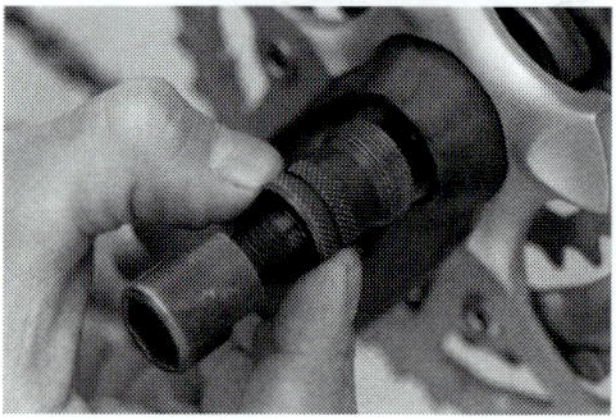

4 クランク抜き工具を挿入する。このときにクランク抜き工具のシャフト部分は外側に出しておく

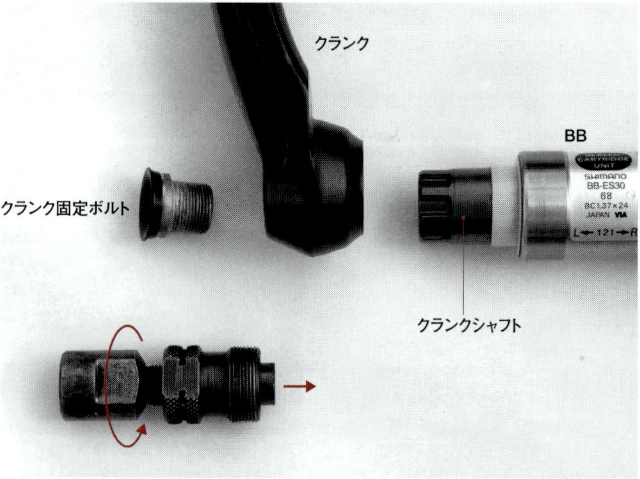

5 クランク部分の基本構造。クランクは固定ボルトを締め込むことで、クランクシャフトに圧入されている。クランクを外すには、固定ボルトをアーレンキーで外しクランク抜き工具を挿入し、そのシャフト部分を押し込んでいく

6 クランクに挿入したクランク抜き工具のシャフト部分を、モンキーレンチなどで回して、締め込んでいく

7 クランク抜き工具のシャフトに押し出されて、クランクが外れる

8 これが外れた状態。古いグリスなどを拭き取っておく

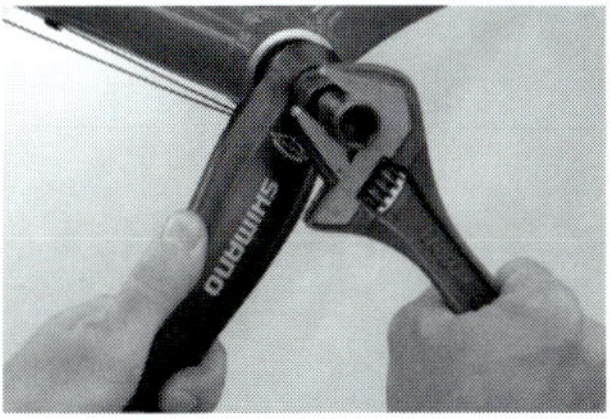

9 反対側のクランクも、外し方はまったく同じだ

クランクをはめる

1 クランクシャフトにグリスを塗り、クランクをシャフトにはめる

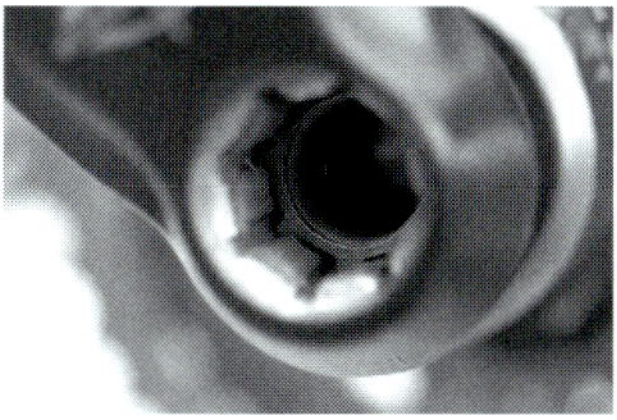

2 オクタリンクタイプの場合、クランクとシャフトにデザインされたオスとメスを確実に合わせる

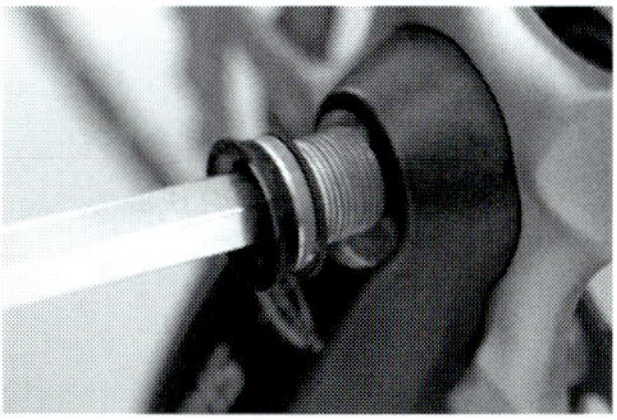

3 クランクのボルトをはめ、8mmアーレンキーで回し込んでいけばできあがり

4 反対側のクランクをはめるときは、最初のクランクと正反対になるようにセットする。はめる作業は同じ

もっと軽いギアを使って走りたい—1 チェーンリングの交換

前のギアを軽いギアに変えたり、MTBで段差のある所を走って、チェーンリングを曲げてしまったときには、チェーンリングの交換を行なう。まずはクランクを外そう(125ページ参照)。

チェーンリングを外す

1 5mmアーレンキーを使って、インナーギアを固定するボルトを外す

2 インナーギアは固定ボルトを外すだけで、簡単に外れる

3 アウターとセンターのギアは同じボルトで固定されている。外側から5mmアーレンキーで緩めるが、反対側(内側)が空転しないようペグスパナを当てる

4 クランク、チェーンリング、固定ボルトなどをばらした状態

チェーンリングをはめる

1 はめるときは、チェーンリングの裏表と取付け位置に注意。アウターギアはクランクの突起がクランクと重なるようにセット。この突起は、チェーンが外れたときにアウターギアとクランクの間に噛み込まないため

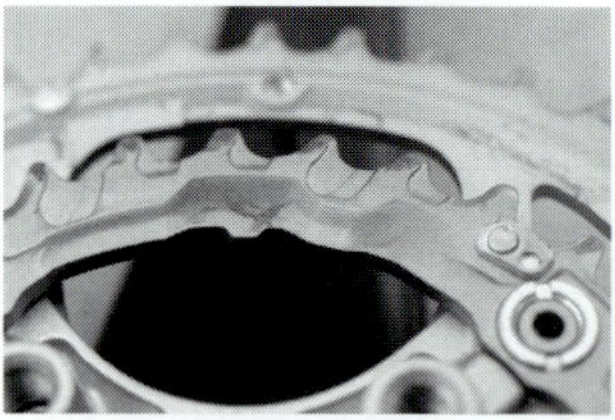

2 センターギアは、ギアの表面に凸凹がある面が取付けたときの内側となる

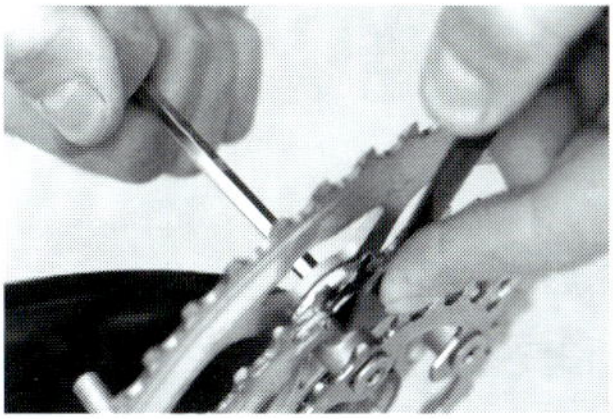

3 ペグスパナでボルトを押さえながら固定ボルトを締め、仮止めする

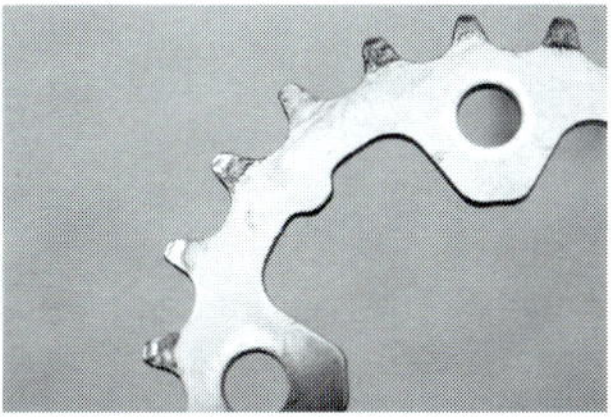

4 インナーギアは、ギアの歯数の数字が書いてある面が取付けたときの内側となる

5 仮止め後、しっかりと締める。なるべく対角線上に位置するボルトの順で締める

6 インナーギアのボルト固定も、なるべく対角線上に締め込んでいく

BBの増し締め

ペダリングしていて足元辺りから異音がするときの原因として、BBの緩みがある。増し締めしてみよう

1 クランクを外した状態で、左クランクにBB抜き締め工具をはめる

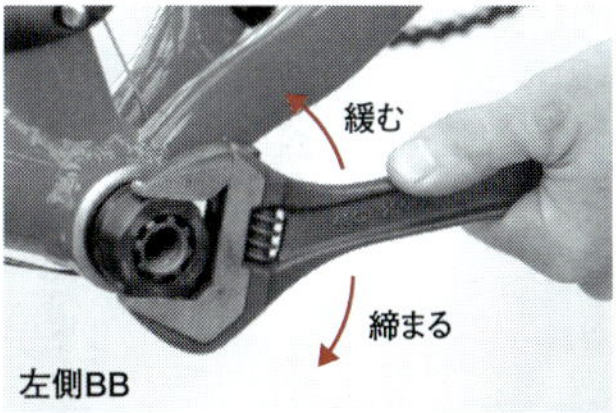

2 モンキーレンチを使って反時計回りに力を加え、BB固定を緩める

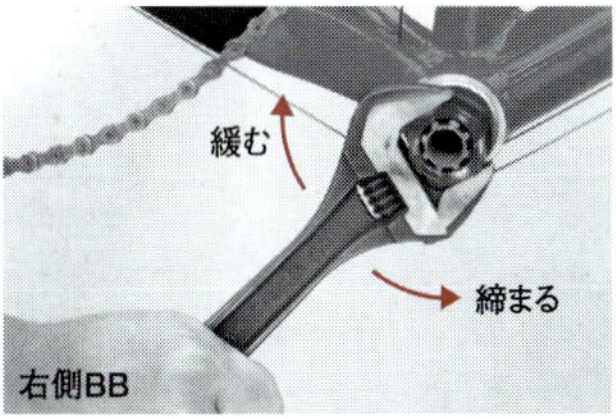

3 次に右側のBB固定を緩める。右側は逆ネジなので時計回りで緩む。いったん外してグリスを塗り直し、しっかりと締める。最後にBB左側も締める

もっと軽いギアを使って走りたい—2 スプロケットの交換

後ろのギアをスプロケットという。カートリッジ式になった数枚のギアと、1枚ずつのギアが、リアハブに組み込まれたフリーホイールに挿入されている。スプロケットの交換手順を見てみよう。

ロード用のスプロケット。左が12〜22T（Tとは1枚のギアの歯数）、右が12〜28T。走る道の勾配で使い分けると効果的

スプロケットを外す

1 後輪をフレームから外し、クイックシャフトを抜き取る

2 クイックシャフトを抜き取ったら、そこへスプロケット外しを装着する

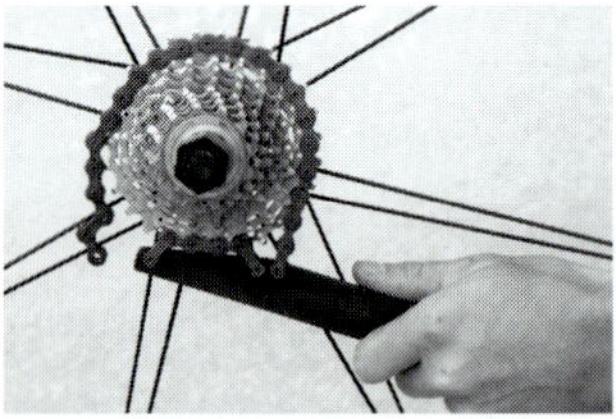

3 スプロケット回しを、スプロケットの大きなギアに引っかける

4 モンキーレンチをスプロケット外しに取付け、両手で下に押し込む

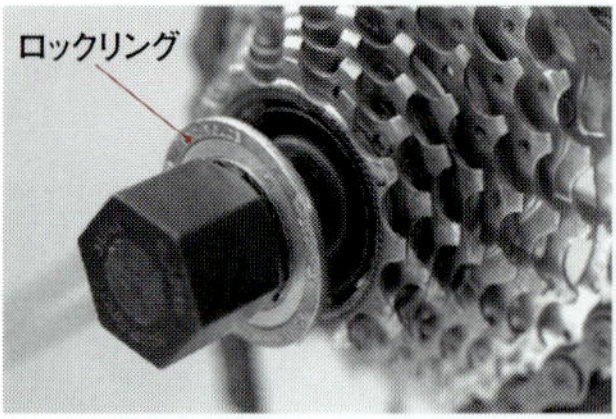

5 ロックリングが外れた

6 構成するギアの歯を、フリーホイールから外す

7 フリーホイールからスプロケットすべてを外す

スプロケットをはめる

1 フリーホイールに付着した古いグリスを取り除き、新しいグリスをつける

2 フリーホイールにスプロケットを挿入していく

3 フリーホイールとスプロケットの溝を合わせて入れていくのがポイント

4 1枚ずつの歯の間にはスペーサーが入る

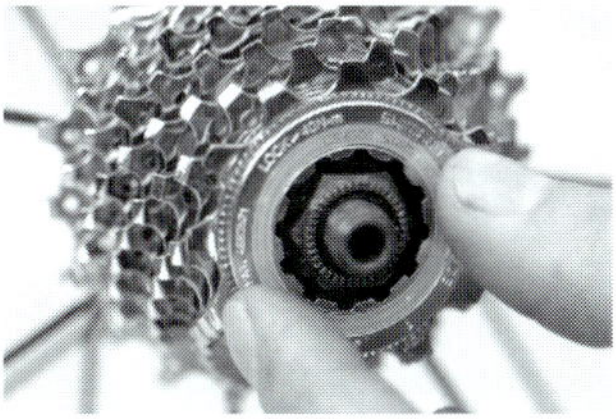

5 最後にロックリングを入れ、スプロケット外しをセットする

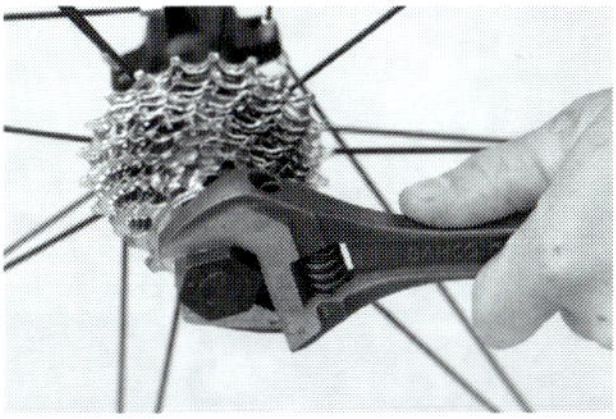

6 モンキーレンチで時計回りに締め込み、最後にクイックレバーを取付ける

ハンドル回りやホイールがガタガタする

常に回転する部分には“ベアリング”というパーツが入っている。調整不良のまま使っていると、ガタガタになってパーツ交換になる。メンテナンスはショップに任せても、チェックだけはしておこう。

ベアリングとは

ベアリングはハブ、ペダルシャフト、BB、ヘッドパーツなどの回転部分に使われていて、グリスとともに“ワン”で上下(あるいは左右)から押えている。この押さえ具合は、きついとうまく回転しないし、緩いとガタつきが出るという微妙なもの。

フレームのヘッドチューブを中心にフロントフォークが回転するために、ヘッドパーツの上下2箇所にベアリングが入っている

ヘッドパーツに入っているリテーナー。この中に球状のベアリングが入っている

ヘッドパーツが収まる“ワン”。ヘッドパーツが緩んでガタついていると、ここに傷が入る

乗っていると分かりにくいが、指で回してみると、ガタつきや締まりすぎによるゴリゴリがあることが分かる

★ワン＝ベアリングを入れる金属製の受け皿状のパーツ

ベアリング使用箇所

ガタをチェックする

BB＝一部の高級パーツ以外はメンテナンスフリー。ガタがあった場合は、締めつけの緩みを疑おう

ペダルシャフト＝ペダル全体を握り上下左右に動かす。クランクを押さえて行なうと分かりやすい

ヘッドパーツ＝アスファルト上でハンドルを左右どちらかに切り、前ブレーキをかけて、ハンドルを前後に押したり引いたりする

ハブ＝フロントフォーク（後輪ならフレーム）を支点にタイヤを握って前後に動かす

フロントサスペンションのセッティングの方法は

フロントサスペンションの構造は、モデルや年式によってまったく違う。メンテナンスやセッティングは、付属のマニュアルを参考にするか、プロショップに任せよう。ここでは基本の基本を紹介しよう。

ストローク量を知る

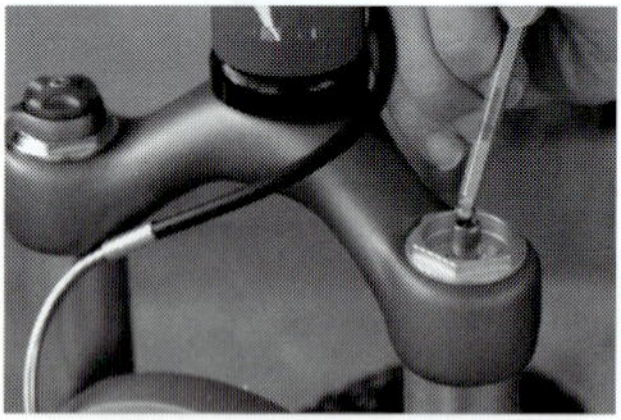

1 エアサスの場合（使っているモデルがエア式かどうかはカタログやマニュアル参照）、エアバルブのコア部分を押して完全に空気を抜き切る

2 インナーチューブにタイラップを軽く巻きつけ、この状態でサスを上から押す。写真のようにサスが最も縮んだ状態がフルボトム（底つき）だ。走行中にこの状態になると、サスが傷みやすいので、そうならないようセットすることが大切

3 空気を入れるとサスが伸び上がる。上に移動したタイラップとの距離が、サスのストローク量となる

サスペンションの基本調整

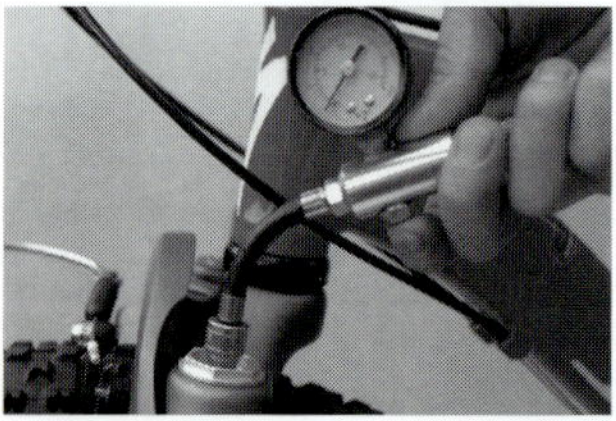

エアを入れて走ってみて、フルボトムしない状態で、なおかつ乗りやすいセッティングを探す

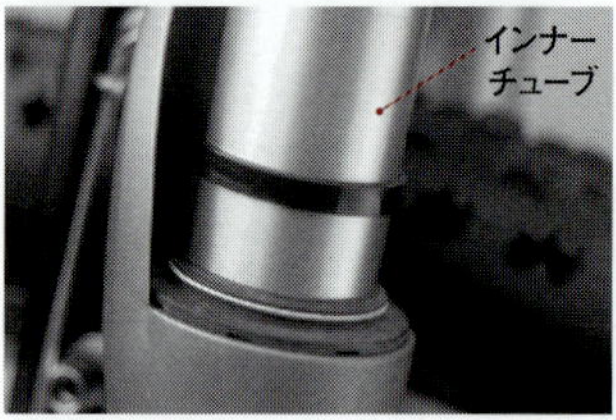

タイラップを下げてからテストライドすると、その移動距離でどのくらいストロークしているか分かる

★エアサス＝密室内に注入された圧縮した空気によってショックを吸収させるシステム。廉価版のサスペンションはウレタン製エラストマーを使用している

タイプによってはロックアウト機能（サスが動かないようにする）がついているモデルもある

「リバウンド調整」とは沈んだサスの戻る速さ調整。速いほど高速走行向き

動きをスムーズにする

1 ダストシールを外し、インナーチューブ周辺のクリーンナップとグリスアップを行うことで動きはよくなる

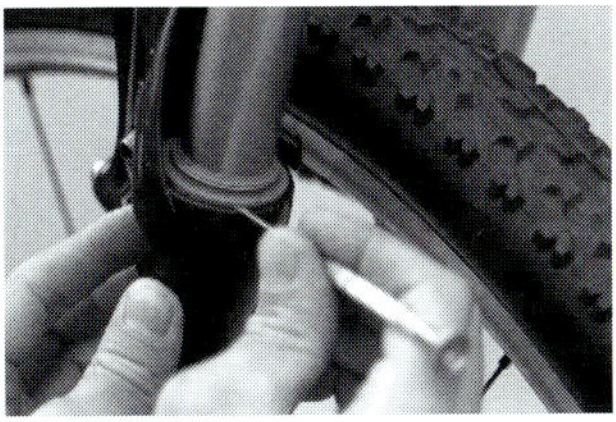

2 先の細いマイナスドライバーなどで、ダストシールをていねいに外す

3 ダストシールとその下のスポンジを上に移動させる

4 インナーチューブにシリコン系のグリスを塗る

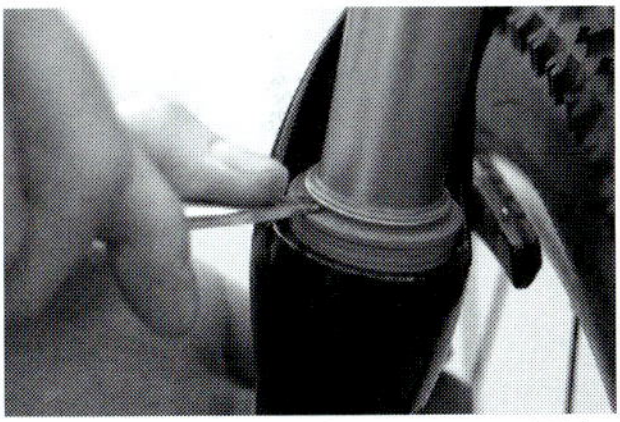

5 ダストシールをアウターケースに戻す

ダストシールを外さなくても、インナーチューブを布で拭き、シリコン系オイルを塗っても効果的

リアサスペンションの調整方法は

リアサスペンションは、ユニットのエア調整やリバウンドスピードの調整などを行なう。またリンク(フレームの継ぎ目部分)がスムーズに動くように、注油や増し締めなども行なう。

ストローク量を知る

1 リアサスユニットのバルブ先端を、突起したもので押して空気を抜ききる

2 上から力を加えると、リアサスが完全に沈み、フルボトムする

3 これがフルボトムした状態

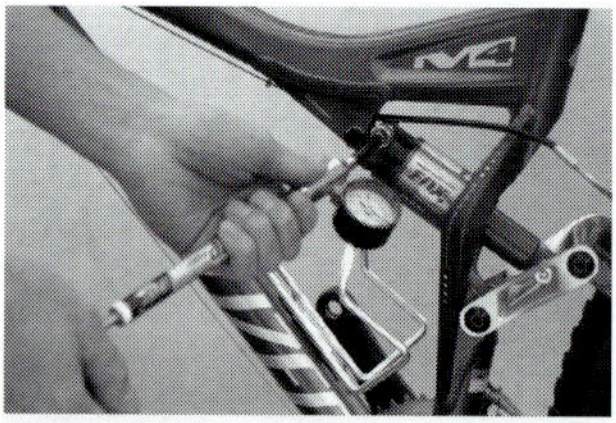

4 エアを入れていくとリアサスユニットが伸び上がっていく

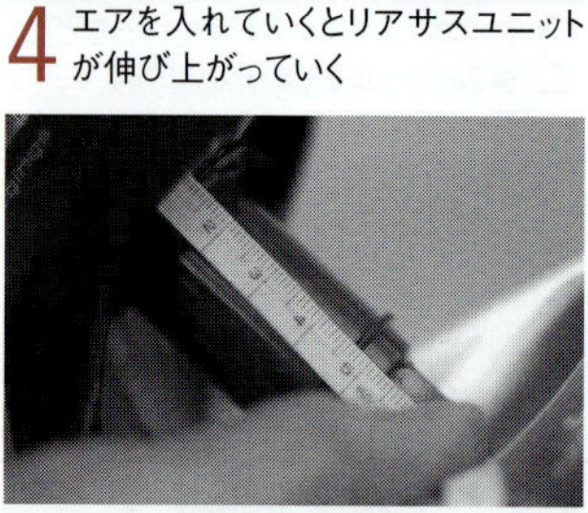

5 フルボトムしたときに移動したゴムマーカー（ないときはタイラップを軽く巻きつけておく）の距離が、そのリアサスユニットの可動距離だ

★フルボトム＝サスが底づき状態になること。走行中にこれを繰り返すと、その衝撃でサスが壊れることもある

初期設定

1 ゴムマーカーを根元までずらす

2 壁などに手を当てながら、静かにペダルに両足を乗せ、ゴムマーカーの移動距離を測る

3 フルボトムしない範囲内で空気圧の調整をする。何気圧かは体重や乗り方によって変わる

4 一般的な目安として初期設定は、全ストローク量の約1/3〜1/6程度。快適さか速さ重視かによって決まる

5 リバウンドスピードの調整機能がついているタイプは、それを遅くするほど快適に、速くするほどスピーディに走るよう調節できる

メンテナンス

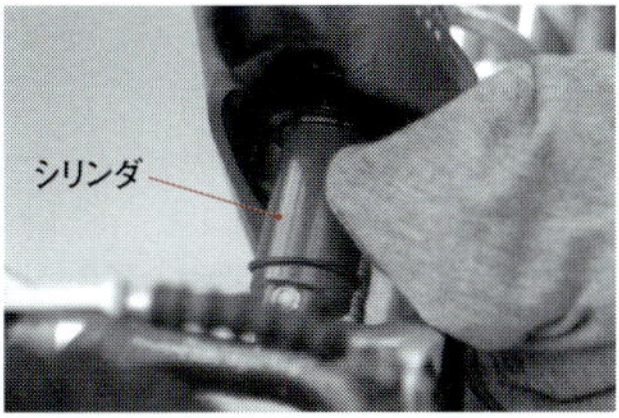

リアサスユニットのシリンダ部分を柔らかな布で拭き、ホコリなどを取っておく

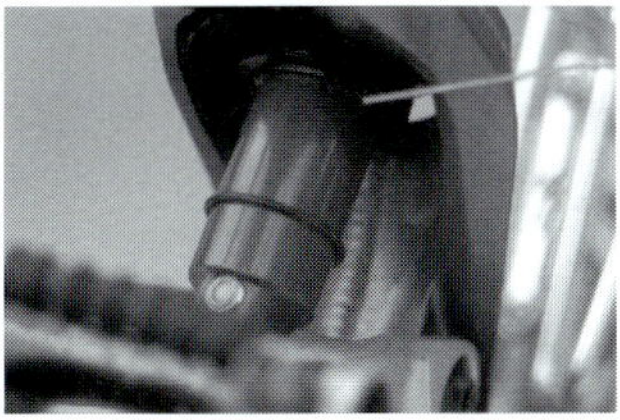

シリコン系（樹脂を傷めない）のオイルを吹きつけておく

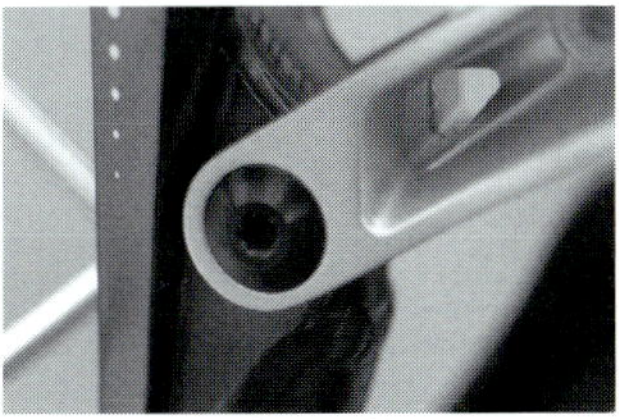

リンク部分の注油や増し締めをする。ベアリングが入っているタイプもあるので、詳しくはメーカーやプロショップなどに相談しよう

駆動系パーツのバリエーション

フラットペダル

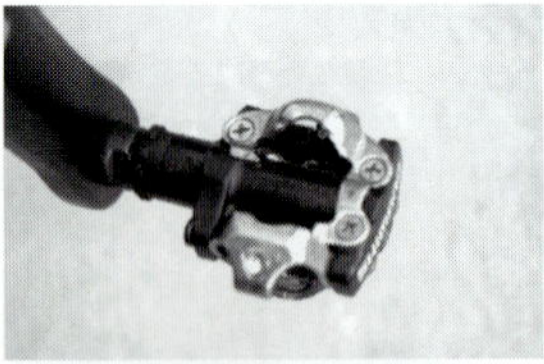
ビンディングペダル

クリップペダル

クランクの長さ

パーツ交換などをする場合には、そのパーツの規格などを知っておく必要がある。

まず最初に、乗る人によって好みが分かれるのがペダルだ。自転車を買うとたいていフラットペダルがついているが、走り慣れてくるとビンディングペダルを取り入れたくなる（124ページ参照）。

またクラシカルな自転車に多いクリップタイプのペダルも、根強いファンがいる。ペダルをクランク部分に挿入するネジの規格は同じなので、好みに合ったペダルへの交換は難しいことではない。

クランクの場合は、シャフトの形状がさまざま。交換するときには自分の自転車に適合した規格のものを探そう。また、クランクの長さもいろいろ。身長によって踏みやすい長さがある。

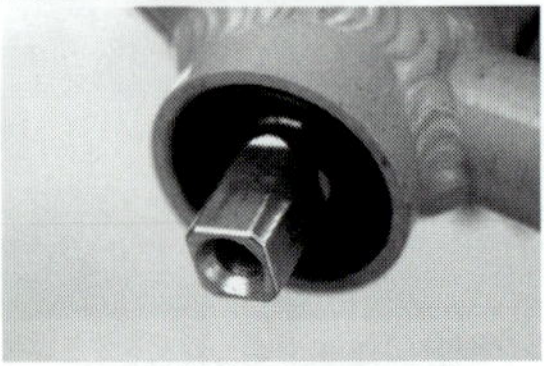
シャフトの形状（スクエアタイプ）

シャフトの形状（オクタリンクタイプ）

第7章
自転車の疑問

自転車購入のヒント—1 乗り方、使い方でタイプはいろいろ

自転車といっても、使い方、あるいは走る路面やスピードなどによって、いろいろな種類がある。走ってみたいイメージを思い浮かべて、それに適したタイプを選んで楽しもう。

≪ＭＴＢ≫

スポーツサイクルの中で最も普及しているのがＭＴＢ（マウンテンバイク）。その中でもフロントサスペンションつきをリジッドという。

MTB（リジット）

MTB（フルサス）

ロードバイク

それに比べてフルサスとは、前後にサスペンションを搭載したモデル。リジッドに比べて若干の重量増はあるものの、オフロードでの快適性は単に速く走りたい人のみならず、ビギナーでも手軽にオフロードを走ることができるという意味で、幅広いユーザーに受け入れられている。

MTBはオフロードで楽しむことを前提に作られているが、タイヤをオンロード用のスリックタイヤに交換すれば、オンロードでも軽快に楽しむことができる。

≪ロードバイク≫

ＭＴＢとは対極の存在がロードバイクだ。オンロードを早く走ることを追求して、突き詰めたのがこのタイプ。その魅力は自転車自体の軽さと、走りの軽快さにある。

≪クロスバイク≫

ロードバイクの精悍さと、ＭＴＢのリラックスした乗り心地の中間を狙ったのがクロスバイクだ。扱いやすいフラットなハンドルに

細身のタイヤは、都会をのんびりと散策するにも適している。ホイールは27インチを装着したモデルが多い。

クロスバイク

≪コンパクトサイクル≫

18インチや20インチなどの小さなホイールのモデルをコンパクトサイクル、小径車などと呼ぶ。折り畳めるモデルも多く、そうした機能を備えているものはフォールディングバイクといわれている。ホイールが小さい(=軽い)ので、踏み出しが軽いのが特徴。ストップ&ゴーの多い都心には適している。折り畳めるモデルは保管や列車などでの移動も手軽。

コンパクトサイクル

≪リカンベント≫

リカンベントとは、シートにどっしりと腰を据えて乗るスタイル。奇をてらったようなルックスに見えなくもないが、実は非常に機能的。背もたれに背中を押しつけるようにしてペダリングできるし、通常の自転車よりも、風を受けにくいからだ。小回りが効きにくいので都会には不向きだが、姿勢が上向きなので広々とした所を悠々と走るのが気持ちいい。個性的なルックスで、注目度も高い。

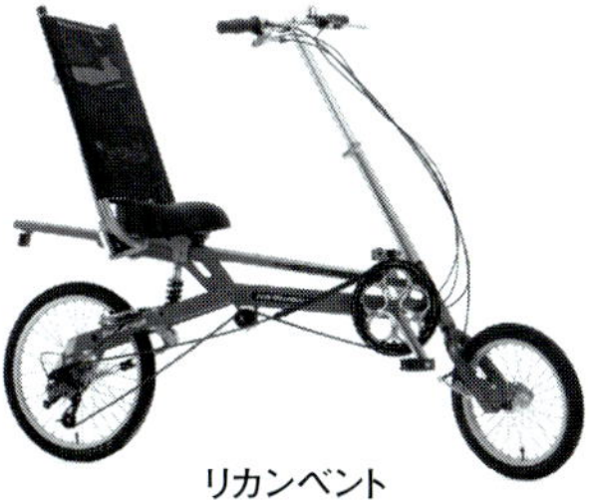
リカンベント

≪ランドナー≫

最後に紹介するのがランドナー。オンロードから軽いオフロードまでをほどよくこなし、またクラシカルなルックスは、幅広い年齢層に支持されている。

ランドナー

自転車購入のヒント―2 体にフィットした自転車を選ぼう

股下の長さ

ステムの長さ

フレームサイズ、トップチューブの長さ

自転車はカラダに合ったサイズでなければ、快適に走ることはできない。自転車のサイズといえば26インチ、あるいは27インチと思い浮かべる人が多いが、それはホイールのサイズであって、スポーツサイクルを考える人は、“フレームのサイズ”を気にして欲しい。

フレームサイズは股下のクリアランスを知るのに重要な数値。ＢＢ中心からシートチューブの上端までを表す“芯／トップ”と、ＢＢ中心からトップチューブとの接点の中心までを表す“芯／芯”がある。また、トップチューブが水平ではなく、スロープしているタイプもあるので、詳しいことはプロショップで相談する方がよい。

またトップチューブの長さは、ハンドルポジションを大きく左右する。ステム交換でもある程度の調整はできるが、まずはトップチューブの長さをチェックしよう。

メーカーのカタログなどには、対応身長が書いてあるが、この範囲はかなり広めに設定されているので要注意だ。

値段の差は

初めてスポーツサイクルの世界に踏み入れて驚くのはその高価な値段。だが安いものもある。その差はというと、フレームや構成パーツの材質、強度、軽さ、仕上げ、作動感、耐久性、そしてブランドイメージなどさまざま。

自転車はフレームにパーツを組付けてできあがっているので、とりあえずはフレームの材質のよい完成車を買い、必要に応じてパーツをグレードアップさせる手もある。

またビギナーは安いもので十分との考えが多いが、走り慣れていないビギナーほど、機械としての自転車のよさに助けられることが多いのも事実。その意味では、なるべくよいものを買った人の方が、自転車とのつきあいが長続きしている傾向がある。

パーツ

ショップ

どこで買うか

ネット通販や量販店など、自転車を購入する方法はいろいろあるが、スポーツサイクルの専門店で買うことをお薦めする。自転車は、買った後のメンテナンスが大事であることと、自転車でどのように楽しめばよいか、ということもとても大切だ。その意味でも、それらのノウハウやツアー、情報などの楽しみ方のソフトを持っている専門店はよきアドバイザーになってくれる。

自転車に安全に乗るための グッズとウエア

プロテクタ

ヘルメット

グローブ

グラス

アクセサリー

ライト

テールライト

サイクルコンピュータ

ベル

ボトル&ゲージ

≪プロテクタ≫

スピードが出ていなくても、転倒して地面に頭をぶつければ、大ケガになる。ヘルメットはもはや標準装備といってよい。厚さ3cm前後の発泡スチロールの外側をプラスティックのシェルで覆ったものが主流。重量は300g前後。かぶっていて首が疲れたりするような重さではない。

グローブは手のひらにマメができないようにするためと、転倒したときに手のひらを保護するため、あるいは防寒のために着用する。

グラスはライディング中、目を風やホコリ、虫、枝、前輪が巻上げる水やドロから守ってくれる。レンズ交換できるタイプが便利。

≪アクセサリー≫

セーフティライドのためにはライトやテールライト、ベルなどは必需品。また自転車にボトルをつけるには、専用のゲージ(ホルダ)が必要。ボトルがあると水分の携帯はとても便利になるし、走りながらでも水を飲むことができるので体にもいい。サイクルコンピュータは、スピードや走行距離をデジタルで示してくれるので、走っているのが楽しくなる。

アクセサリーは、なければ走れないわけではないけれど、いろいろなグッズがあれば楽しみはより広がっていくものだ。

≪ウエア≫

ウエアに求められる機能は3つ。①汗の放出、保温性などに優れていること。②ライディングポジションで動きやすいこと(ペダリングしやすい、前傾姿勢でも腰をしっかりカバーするなど)。③自転車との相性がいいこと(裾がギアに引っかからない、オシリが痛くならないなど)。これらを踏まえて、快適なウエアを選ぼう。

パッドつきバイクパンツにバイクジャージの組合せが基本だが、タイトなシルエットに抵抗のある人は、ルーズフィットなものでもよい。肌に触れる部分は、コットンよりも化繊素材の方が、汗の放出性に優れて快適だ。

防寒のためには薄手のウエアを数枚、重ね着する方が有効。この方が体温調節もしやすい。汗の放出性に優れたアンダー、体温を蓄えるミッド、外の風をシャットアウトするアウターシェルの、3種類に分けて使いこなそう。ショートのバイクパンツで寒いときには、レッグウォーマーを使うと便利だ。

なぜ、パンクするの?

パンクは「貫通パンク」と「リム打ちパンク」が代表的なもの。
それ以外のパンクの原因も知っておこう。原因を知っていれば、
予防法することもできるのだ。

貫通パンク

異物が刺さった

ナイフで取る

路上のガラス

リペアのときにタイヤの裏側チェック

≪貫通パンク≫

パンクの原因として多いのが貫通パンク。路面上のトゲや金属やガラス片などがタイヤを貫通し、チューブに穴を開ける。チューブレスタイヤの場合も、タイヤ自体に穴が開いて、空気が漏れるという意味では同じだ。

ＭＴＢでトレイルを走っていて、トゲが刺さるなど避けようがない場合もあるが、舗装路を走るロードバイクなどの場合は、パンクの予防策はある。まずは路上の異物に敏感になること。例えば、路上にガラスの破片が散らばっていたら必ず避ける、避けられないときは、そこだけ自転車を担いでしまう。後でパンク修理をする手間を考えれば、大したことではない。

また、走行前や走行後には、タイヤをよくチェックすること。異物はタイヤに刺さってから走行を繰り返すことで、タイヤの中に潜り込んでいく。異物が深く入る前に取り除いてしまえば、パンクは未然に防げるのだ。タイヤをよく見ると、意外にもいろいろな傷が入っていることが分かるだろう。

異物があれば、ナイフなどの尖ったもので取り除いておこう。

雨の日は、路上の異物が路肩に流されるので、パンクの確率は高くなる。さらにいえば、ゴムは濡れるとガラスなどの小さな破片でも切れやすくなる。雨の日は、いろいろな意味でパンクしやすくなることも知っておこう。

貫通パンクが起こったら、リペアするときに必ず原因となった異物を取り除いておく。これを怠ると、新しいチューブを入れてもすぐにまたパンクするからだ。

≪リム打ちパンク≫

走行中に段差や岩などの突起物に乗り上げたときに、その角とリムとの間にチューブがはさまれ、チューブに穴が開くのがリム打ちパンクだ。穴は特徴的で、蛇の噛

リム打ちパンク

リムをぶつける

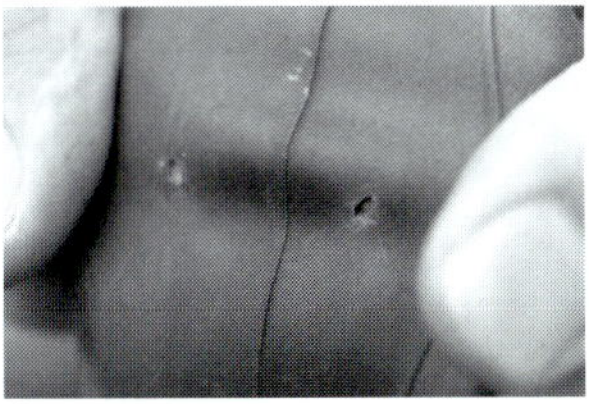
穴

空気圧チェック

バルブの破損

バルブが曲がる

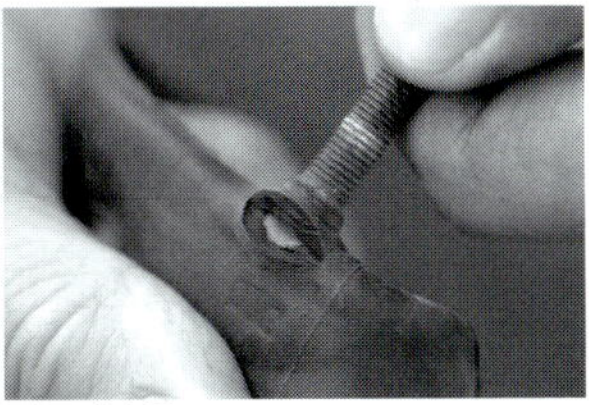
バルブ破損

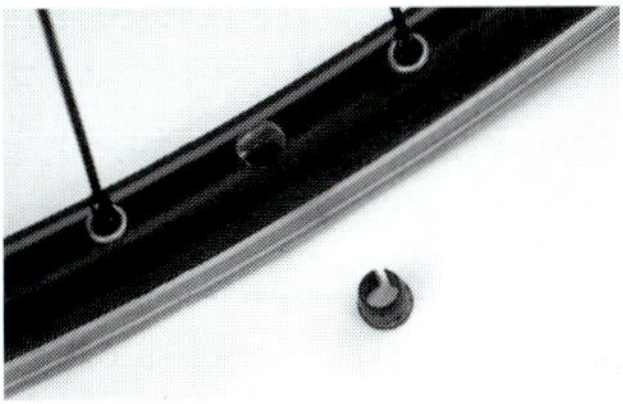
リムの穴とスペーサー

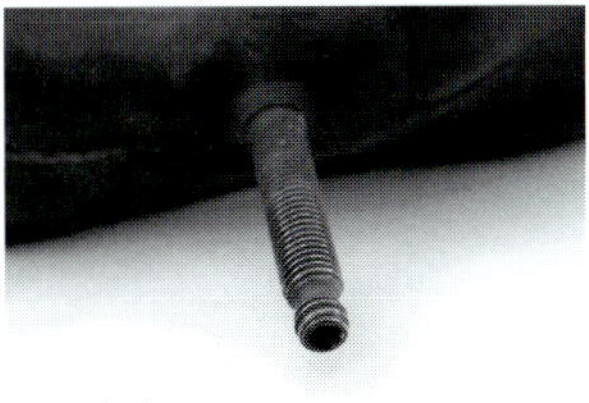
バルブが折れる

み跡のように2箇所が開くので、英語ではスネークバイトと呼ばれる。

リム打ちパンクは空気圧が低いことが第一の原因。タイヤサイドに記してある気圧表示の範囲内にしていれば、リム打ちパンクはかなり防げる。また、MTBの場合、良質のサスペンションの普及によって、リム打ちパンクはかなり減っている。突起物とリムがチューブをはさみ込む前に、サスペンションがストロークして、それを未然に防いでくれるからだ。また、段差に乗り上げるときは、ホイールにかかる荷重を抜くことでかなり抑えることができる。他にも、厚めのチューブを使う、リム打ちパンクに強いタイヤを使うなどの対策もある。

チューブの噛み込み

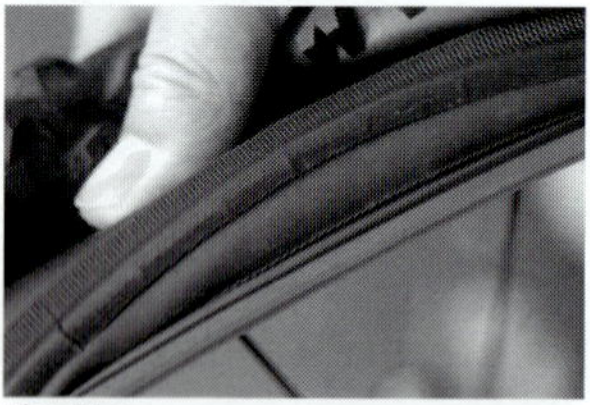

噛み込み

チューブの破裂

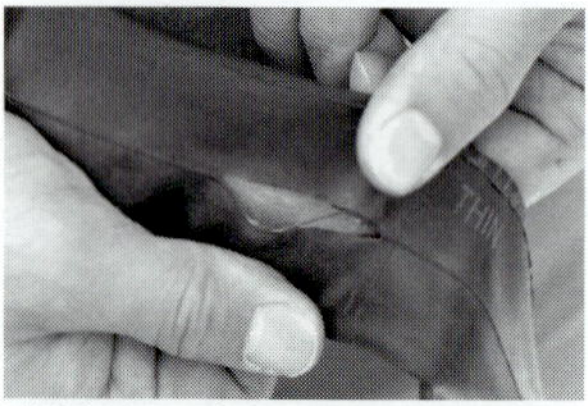

裂けたチューブ

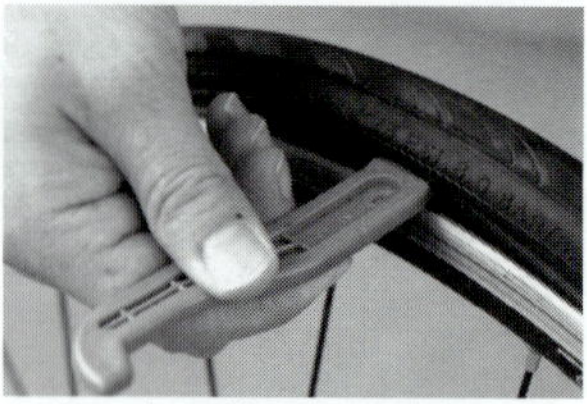

タイヤレバーの使い方にも注意

≪バルブ破損≫

バルブが破損した場合も、再生不能と考えよう。原因はチューブをはめる際にバルブが曲がって取付けられていたり、リム穴とバルブのタイプが合っていないことなどにある。後者の場合は、スペーサーを使うなどをして予防しよう。

≪チューブの噛み込み≫

タイヤを装着した際に、チューブがリムとタイヤの間にはさまったままの状態のことをいう。空気を入れると、そこが膨らみ、やがて破裂する。問題はわずかな噛み込みの場合。空気を入れたときには異変はなくても、走っていて突然大きな音とともに破裂することがある。予防のためにはタイヤを装着したときに、噛み込んでいないかしっかりとチェックしておく。また、タイヤ装着のときに、多少の空気をチューブに入れておくと、チューブに張りが出て、噛み込みしづらい。

≪バースト≫

バーストとはタイヤが古くなってゴムが劣化したり、ひび割れを起こし、そこからチューブが破裂すること。ブレーキシューのセッティング不良（クイックレバーがしっかりとはまっていないことが原因の場合もある）で、シューがタイヤを削ることもある。バーストしたらタイヤ交換が必要。走行中に起こったら、タイヤの裏側からガムテープや紙、布などを当てる。リムから当て物がはみ出すくらいだと、より安心だ。バーストした場合、チューブの穴は大きいので、再生不能なことが多い。

ブレーキシューがタイヤに擦っている

クイックレバーがしっかり入っていない

バースト

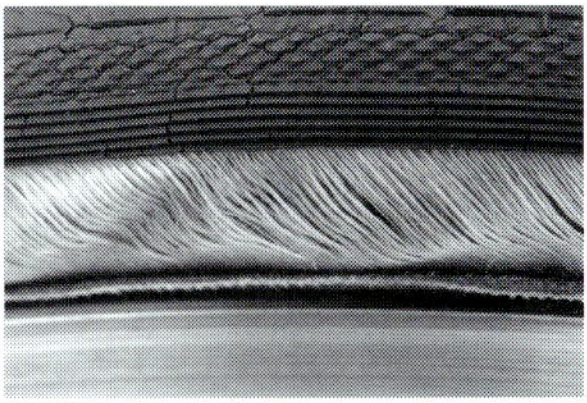
サイドケーシングの劣化

ゴムのひび割れ

ブレーキシューで削られる

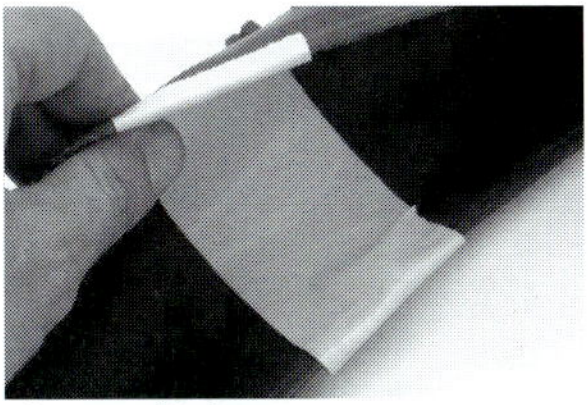
ガムテープを当てる

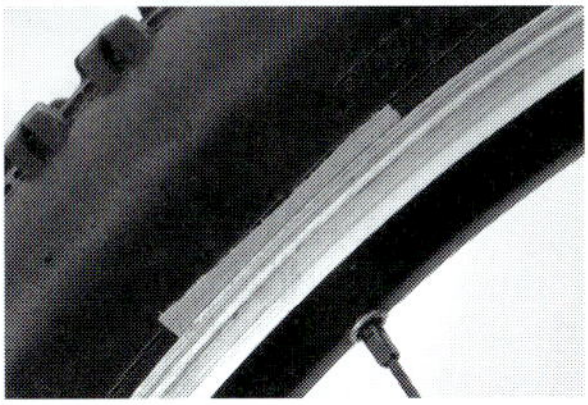
リムからガムテープがはみ出るくらいに

自転車を持って遠くへ行くためのアドバイス

クルマに自転車を載せてどこかへ行く。あるいは、自転車のホイールを外して専用バックにパッキングし、列車やバスなどの公共交通機関に持ち込み遠くへ行くこともある。これを輪行という。

自転車をクルマに載せたい

自転車専用のキャリアを使えばクルマの屋根や背面に積むことができる。車内が広く使えるというのがなんといってもうれしい。ラゲッジルームに積む場合には、前後輪を外して重ねる。ペダルを外すとやりやすい。フレーム同士が当たる箇所には、布などをはさんでおく。セダンでも後部座席を汚さないようにカバーして、前後輪を外せば積める

自転車を電車で運びたい

1 輪行バッグはこのくらいコンパクトなものもある。携帯して走るなら、このサイズはうれしい

2 ペダルを外した方が突起物が少なくて、パッキングしやすい

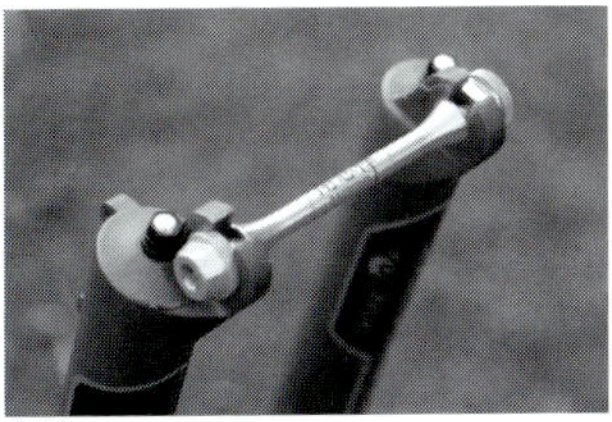

3 フロントフォーク用の保護パーツ。他に、フレームカバーなどをしておくと、傷防止になる

4 リアディレイラーやフレームのエンド部分を保護するエンド金具。つけた方がトラブルは少なくなる

5 輪行バッグを広げてフレームを置いてみる。どのようにバッグの中に収まるのかをイメージしておく

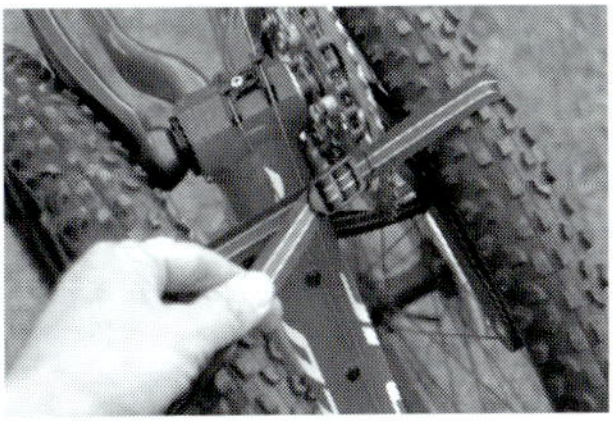

6 前後輪を外してフレームと重ね、ストラップで縛る

7 輪行バッグに入れて、ショルダーストラップをつければできあがり

8 このように立て置きすることが多い。エンド金具をつけていると、リアディレイラーを傷めにくい

9 袋詰めにして手荷物として持ち込み、公共の交通機関を利用する。じゃまにならないよう気をつけること

自転車を飛行機に載せるには

専用ケースもあるが、自転車用の段ボール箱でもよい。専門店で分けてもらえる。傷対策は十分にしよう

荷物の持ち方と自転車の保管方法

自転車で走るときはなるべく荷物は少ない方が軽快だが、
走り方、目的によってはそれなりに荷物を持たなければいけない。
また、右ページでは自転車の保管や、盗難防止法について紹介しよう。

荷物の運び方

サドルバッグ

背中のポケット

ウエストバッグ

バックパック

フロントバッグ

アタッチメント

フル装備

保管

スポーツサイクルは室内保管が基本。雨ざらしというのは厳禁だ。室内保管の場合、ペダルのような突起物を外し、ハンドルを曲げるだけでも、かなりコンパクトになるので工夫してみよう。室内に自転車を吊るすハンガーなども市販されているので、取り入れてみるのもよい。

スポーツサイクルを楽しんでいくと、工具やヘルメット、シューズなどの用品も増える。新築する際に、自転車専用の部屋を作ってしまった愛好者もいる。

室内保管

自転車専用の部屋

パーツや自転車をまとめて室内保管

盗難防止

盗難防止対策として重要なことは、目の届かない場所に置かないこと。それが無理なときは、しっかりと鍵をかけることだ。鍵をかけるときは、自転車だけにかけるのではなく、電柱やガードレールなどに絡めるとより安心だ。

スポーツサイクルの場合、クイックレバーで簡単にホイールが外れるので、前後輪ともフレームと一緒にロックすることが大切だ。クイックレバーでサドルが外れる場合も、海外だと簡単に盗まれることがあるので要注意。

鍵を携帯していないときは、せめて前輪を外して持ち歩くなどすれば、リスクは少しだが減らせる。

盗難防止

太めのワイヤーロック

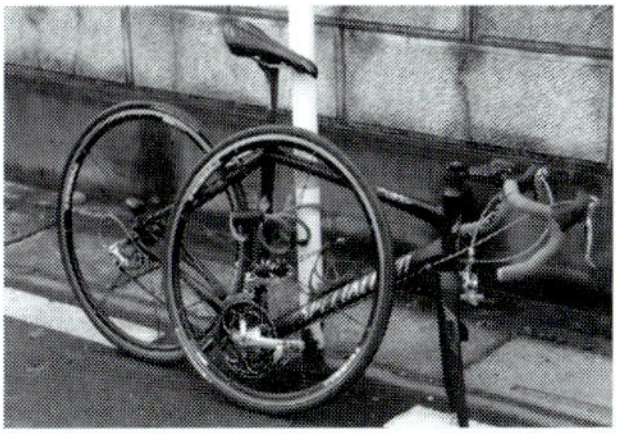

前後輪とフレームの3点を固定物にしっかりとロック

自転車は疲れるだけでホントにやせる?

**自転車は疲れやすい、脚が太くなる、
というイメージを持っている人は意外に多い。
ホントのところはどうなのだろうか?**

ポジション

ウォームアップ

ハンドルの握りを替える

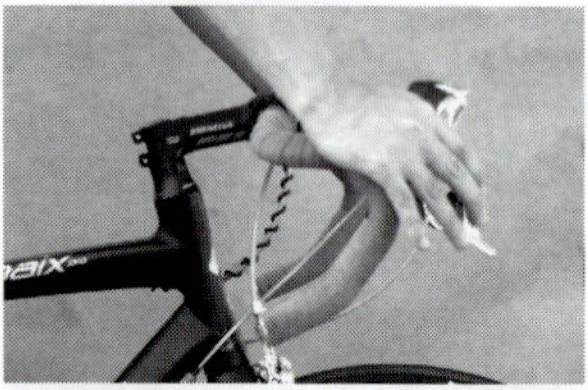

アイシング

疲れにくい走り方

　汗をかくことを「カッタルイ」と思ってしまえば実も蓋もない。自転車が単なる移動手段ではなく、風を切って気持ちよく走れる、快適なスポーツとしてイメージチェンジしてみよう。話はここからだ。

　自転車の疲れにくい乗り方としては、無理のない乗車ポジションがある(104ページ参照)。
走り出しは、意識して軽いギアを使おう。ゆっくりとカラダを温めると、1日の後半の疲れに差が出てくる。走行前に軽くストレッチをしておくことも有効だ。

　走行終了直前に軽いギアで流したり、ストレッチ、アイシングするクールダウンも有効。疲れの残り方が格段に違う。アイシングとは、カラダの火照った部分にビニール袋に入れた氷水を20分ほど当てるもの。最初の5分ほどは激痛を伴うこともあるが、効果は大。

　走行中にハンドルの握る場所をいろいろと替えてみるのは、上半身のストレスを分散させるのに有効だ。

ギアチェンジもなるべく頻繁に行なう。路面状況や風向きが変わっても、脚にかかる負荷を一定にするのが理想。重いギアを使って踏み込むようにペダリングするよりも、ちょっと軽めのギアで回すペダリングを心がけよう。スポーティに走るなら1分間に60～80回転が目安。ケイデンス(ペダルの回転数)が表示できるサイクルコンピュータがあると一層便利だ。

また、体の水分は、吐く息や汗から絶えず放出されている。マメに水分補給することも大切だ。

ギア選び

ケイデンス

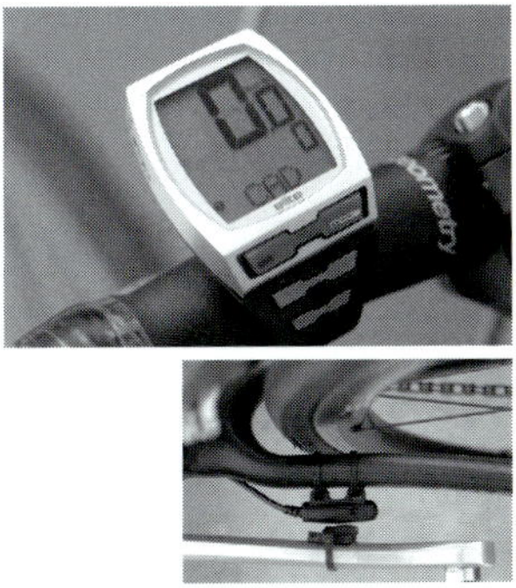

水の補給

バイクレッグ

自転車ってやせるの?

自転車乗りというと超極太の脚を思い浮べる人が多い。しかしこれは、日本だけの話。欧米の国々でバイクレッグ(自転車乗りの脚)というと、引き締まった脚のことをさす。イメージが、日本は競輪(短距離)、欧米はロードレース(長距離)という差だ。

スポーツサイクルのメリットは、長時間、ストレスなくできることにある。やせる(＝体脂肪燃焼)ためには、無理のない運動強度で行なう有酸素運動が大切。ジョギングや水泳などはその代表だが、初心者には運動強度が高すぎて、2～3時間行なうことは難しい。だが自転車ならば、体重を脚以外にお尻や腕にも分散させ、しかもギアチェンジによって体への負荷をコントロールできる。

また景色の変化が大きいので、それを楽しんでいるうちに、長時間走っていた、ということが可能なのだ。「やせる」を目標にがんばるのと、楽しんでいたら「やせていた」ではメンタルな部分でも大きく違う。長く続けるためには、無理なく、楽しくというのが重要だ。

さくいん

あ行

か行

さ行

た行

な行

は行

ま行

や行

ら行

わ行

【著者紹介】

丹羽隆志（にわ・たかし）

1987年のチベット遠征でMTB（マウンテンバイク）に出会い、90年代前半はアメリカ・モンタナ州でガイドなどを経験、その後も世界各地を走行。『サイクルスポーツ』（八重洲出版）を始め、多くのメディアで、フィールドを駆け回る魅力を伝えると同時に、自転車ツアー「やまみちアドベンチャー」では、ガイドとしても大忙し。どこに行っても「ここが世界でイチバン！」といっては周りを困惑させるのが特徴。『バックカントリー・マウンテンバイキング』、『MTBやまみち入門』、『東京周辺自転車散歩』（ともに山と溪谷社）など著書多数。

【やまみちアドベンチャー】裏山のような身近なフィールドでMTBを楽しむ「里山ツアー」や、都心の魅力を再発見する「東京シティライド」、おしゃべりサイクリングで体脂肪を燃焼する「フィットネスライド」などを東京近郊で開催。

URL＝http://www.yamamichi.jp/
e-mail＝info@yamamichi.jp
fax 0480-35-2024

【写真協力】

ダイワ精工　☎0424-79-7774
シマノ　☎072-243-2829
トライスポーツ　☎078-846-5846
ワコール　☎0120-307-056
トレックジャパン　☎078-413-6606
ミズタニ自転車　☎03-3840-2151
アズマ産業　☎03-3854-5251
トレイルストア　☎03-3411-4702
T&N　☎0795-40-9111

【編集協力】

竹谷賢二（チームフォードスペシャライズド）
中村規
細貝浩治
小玉清司

【アンケート協力】

青木雄一郎、荒牧道彦、伊海聖、泉幸男、井手マヤ、入井公一、岩崎孝之、植山佳寿美、大隅輝実、小野隆、小野祐一、河端美紀、川村喜和、木村諭、小林尚加、澤田章太郎、鈴木康史、田代めぐみ、田中健太郎、鳥井克俊、中根己喜、橋爪豊、八田準一郎、檜山深、益尾利章、深山慶子、若林茂、渡部公智、渡辺誠一

ブック・デザイン——松澤政昭
写真——丹羽隆志
イラストレーション——中原幹生
編集——原 康夫、岡山泰史

Outdoor

Bicycle Maintenance & Trouble Shooting

自転車トラブル解決ブック

2005年2月1日　初版第1刷発行

著　者——丹羽隆志
発行者——川崎吉光
発行所——株式会社山と溪谷社
〒105-8503　東京都港区芝大門1-1-33
電話　03-3436-4020（編集）　03-3436-4055（営業）
http://www.yamakei.co.jp/
振替　00180-6-60249
印刷・製本——大日本印刷株式会社

ISBN4-635-50027-6